模王高手 擬態生物

模王高手擬態生物圖鑑編輯部　著

瑞昇文化

擅長偽裝的動物，全員大集合！

有許許多多的動物生活在這個地球上。為了進食、為了求生，所有生物都在拚死拚活地奮鬥。為了能順利捕獲獵物，抑或是站在相反立場的考量——避免被外敵襲擊，牠們下了各式各樣的功夫努力生存。而且，這些動物在歷經演化的過程中，獲得了其他動物難以仿效的特技或一技之長。

其中，有一種叫做「擬態」的現象。像是改變自己的體色或外形，去模仿植物、別種生物，或是石頭、岩石等風景。又或是利用身上的花紋，假扮成比自己更加強大的生物。就像這樣，透過喬裝成別種物體，來欺騙周遭的生物或使對方產生錯覺——擬態就是如此優秀的技術。有時誘引獵物靠近，有時隱藏身形，靠著這些技巧才得以存活並延續至今。

在本書當中，有很多這樣的「模仿高人」登場。昆蟲、鳥、魚、爬蟲類、兩棲類等等，全員大集合。

「咦？連這種事也辦得到哇！」

「好厲害！騙人的吧！！」

讓人忍不住脫口而出的各種驚人技藝，接二連三地呈現給您。就算睜大眼睛盯著照片猛瞧，依舊看不透到底藏在哪裡，想必偶爾也會有這種情況吧。集結於此的盡是擬態生物世界當中的一流選手。哪怕今天要欺騙的對象是人類，也盡在掌握之中。

此外，由於本書是以「偽裝（變身）動物」為題，所以除了擬態之外擅長變身的動物也會一同登場，邀請到了各方好手參加這場盛宴。從雌性轉變成雄性的魚、假扮成人臉（!?）的昆蟲……所有動物都充滿了個性。在翻閱本書的同時，也請試著去感受生命的神秘、動物的不可思議之處吧！

希望購入這本書的讀者，也能擁有更多嶄新的發現。

3

擬態生物 四天王

「葉子」篇

WANTED

爪哇葉䗛
Phyllium pulchrifolium

正如其名，彷彿用綠葉組合而成的生物。這種擬態巧妙地將身形隱藏起來，藉以避免被敵人盯上。就像是忍者一樣！

欲知詳情就趕緊前往
24頁！

是發生了什麼事
變成這種造型的呀！

噠愣！

WANTED

角葉尾守宮
Uroplatus phantasticus

這種壁虎科動物是不是很像擷取枯葉製作而成的工藝品呢？利用這樣的姿態欺騙獵物並加以捕食。因為太過逼真，甚至會覺得有點恐怖啊。

和以枯葉做成的模型
有哪裡不一樣嗎!?

欲知詳情就趕緊前往
36頁！

這樣子根本
分辨不出來啦！

矛翠蛺蝶
的幼蟲
Euthalia aconthea

雖然這種蝴蝶幼蟲的體毛蓬鬆而濃密，但一待在葉子上，就彷彿咻地瞬間消失般隱匿了身形。相當出色的擬態呢！

欲知詳情就趕緊前往 **30頁**！

噠！

這真的是生物？
真的？

欲知詳情就趕緊前往 **49頁**！

雙色美舟蛾
Uropyia meticulodina

雖然看起來就是一片捲起來的枯葉，但牠可是貨真價實的生物！這是一種蛾，而且是在日本各地隨處可見的擬態生物。前往附近的原野找找看吧！

WANTED

長身短肛竹節蟲

Baculum elongatum

欲知詳情就趕緊前往 **70 頁！**

擬態生物 四天王

「其他」篇

呃……蟲蟲到底藏在哪裡啊！？

　　偽裝成樹枝的功夫無人能出其右，這位高手正是長身短肛竹節蟲。因為和背景的草木完全同化了，所以得仔～細地觀察照片才能找到牠喔！

WANTED

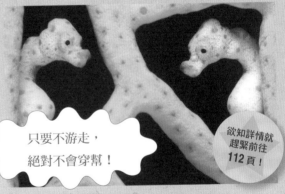

只要不游走，絕對不會穿幫！

欲知詳情就趕緊前往 **112 頁！**

巴氏豆丁海馬

Hippocampus bargibanti

　　隱居在珊瑚當中的一種海馬。顏色自不用說，連質感、花紋都能擬態的特技，根本難以望其項背。仔細端詳的話，會發現牠們的尾巴捲繞在珊瑚上同化了嘀！

欲知詳情就
趕緊前往
86頁！

WANTED

蘭花螳螂
Hymenopus coronatus

蘭花螳螂偽裝成花瓣，趁蝴蝶等獵物疏忽之際加以捕獲，是天生的獵人。和日本其他種類的螳螂相比，技術也更為高超！

噔！

真是美麗的花呀……等等，細看才發現竟然是螳螂！

WANTED

葉形海龍
Phycodurus eques

身體的每個部分都和海藻相仿的葉形海龍。利用這種高難度的擬態來保護自己不被天敵侵襲，同時也能伏擊餌食！

嗒愣！

竟然有海藻怪物！輕飄飄地四處漂浮！！

欲知詳情就
趕緊前往
118頁！

模王高手擬態生物圖鑑

目次

【給監護人的話／關於本書所記載的各種資料】

在各種生物的介紹中，記載了與「動物名」、「學名」、「分類」、「全長」、「體色」、「分布地」、「棲息地」這七個項目相關的資料，但是「全長」、「體色」、「分布地」、「棲息地」這幾項只是取平均數據，僅供參考而已。要完全剖析自然生物的生態是不可能的事情，有時候不同專家所提出的見解也會有所差異。本書當中亦包含了許多以調查、研究為基礎得出的推斷性資訊，還請各位讀者多多包涵與諒解。

何謂 擬態 ？ ♥

☐ 為什麼動物要擬態？

☐ 擬態有哪些種類呢？

☐ 並非「不顯眼＝擬態」？

☐ 擬態的世界還有好多好多未解之謎！

看起來超強大的敵人出現了！要怎麼做？

怪物 LV. 100

戰鬥
▶ 逃走

爲什麼動物要擬態？

偽裝成別種物體就叫做「擬態」

存在於地球上的大多數動物，都是以寶寶的姿態誕生於世，再變成小孩，一路成長為大人。有的動物；也有像蝴蝶一樣從幼蟲（毛蟲）變化成蛹、再蛻變為成蟲，會改變身形的動物。

不過，在這個世界上，也有與成長過程無關，為因應某些狀況而「偽裝」成和原本面貌相像人類一樣體型會逐漸增長，但外形不會大幅改變或樣貌」之意。也就是說，是指用自己的身體去模仿某種物體。

為什麼要擬態？答案就是「為了活下去」。更多詳細內容會在下一頁說明。

異的姿態的動物。經過不斷演化改變了身形、改變了顏色，生來就和其他動物或物體極為相似。就像這樣，偽裝成別種物體的現象就叫做「擬態」。

「擬」的意思是「模仿」，「態」則有「物體的外形

12

胡蜂

攻擊！

柿癭皮瘤蛾

隱藏！

這是擬態的主要模式

擬態是保護自己的手段之一！

狼

威嚇！

鍬形蟲

裝死！

這也是出色的擬態！

擬態有哪些種類呢？

咱的擬態有隱蔽型和攻擊型這兩種喔！很厲害吧？

三角枯葉蛙

擬態的目的、類型

主要有三種

動物「為了求生」所做出的擬態各有不同目的，有好幾種類型。若以較具代表性的擬態為例，就是以下三種。

首先是「隱藏身形的擬態」。偽裝成周遭的風景或是別種生物，藉著融入其中來避免被敵人襲擊，或防止自己被天敵吃掉。這就叫做「隱蔽型擬態」唷。

再來就是「為了伏擊獵物的擬態」。雖然這種擬態的效果和避免引起周遭生物注意的隱蔽型擬態相同，但目的截然不同。這種擬態是為了襲擊因未察覺到危險而來到跟前的獵物並加以捕食，屬於具攻擊性的擬態。稱為「攻擊型擬態」。

最後是「偽裝成比自己更強大的動物來欺騙對方的擬態」。是以支開、威嚇或嚇唬掠食者為目的，叫做「貝氏擬態」。

14

這些是擬態主要的類型！

隱蔽型擬態 ▶ 融入周遭風景當中的偽裝

代表範例：鋸吻剃刀魚

這種魚活用了自身細長的身體，偽裝成在海中漂蕩的海藻。那技術相當高明，乍看之下一點也不會發現。身懷如此高強的功夫，想必很少被敵人襲擊吧。

攻擊型擬態 ▶ 伏擊獵物的攻擊型擬態

白色與淡粉色交織而成的體色就像是栩栩如生的美麗花瓣。善加利用這身模樣藏於花朵的陰影下伏擊獵物，正是蘭花螳螂的得意絕招。和外表給人的印象不同，有著極具攻擊性的本性。

代表範例：蘭花螳螂

貝氏擬態 ▶ 偽裝成強大的生物來迴避危險

代表範例：鋸尾副革單棘魨

在使用貝氏擬態的動物當中，這種鋸尾副革單棘魨擁有精湛的高人級技術。和擬態對象——瓦氏尖鼻魨非常相似。不只敵人，恐怕就連本尊也不會發現吧。

弓足梢蛛

> 我的擬態是不顯眼比較好！

玉條虎天牛

> 我的擬態就是要既華麗又醒目才有意義唷♪

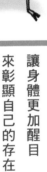

讓身體更加醒目來彰顯自己的存在

在會擬態的動物當中，有大半都是為了避免引起周遭生物注意而隱匿身形，也就是擅長所謂的隱蔽型擬態。偽裝成樹葉或枯葉、岩石或石頭，又或是變裝成花朵。也可以說這種偽裝是以「該如何讓自己變得不顯眼」為主要課題。畢竟要是被輕易識破而落入慘遭敵人吞下肚的結局，這樣實在不行吶。

話雖如此，也是有顯眼比較能夠發揮效果，站在相反立場的情況。貝氏擬態就是屬於這種類型──竭盡所能地偽裝成模仿對象，並大大地彰顯自己，才是比較重要的。這種擬態要是不夠醒目就沒有意義了。奮力讓自己更加醒目，藉此營造出「靠近的話會有危險唷～」、「我有毒喔～」這樣的氛圍。

有些動物不只會模仿外觀，還能擺出威嚇的架勢等等，連動作或姿勢都能模仿得維妙維肖呢。

顯眼比較好的擬態

鋸尾副革單棘魨

黑星筒金花蟲

竟然也有顯眼比較合適的擬態存在！

不顯眼比較好的擬態

爪哇葉螩

長身短肛竹節蟲

擬態的世界還有好多好多未解之謎！

鳥糞蛛

在過去，人們認為我的擬態是攻擊型擬態，不過如今主張是隱蔽型擬態的學說才是主流喲……

擬態類型五花八門
盡是未知的謎團

到目前為止所介紹的三種擬態是主要的類型，除此之外，還存在著數種其他的類型：像是帶有毒性的動物之間擁有相似的體色，有助於彼此共存的「穆氏擬態」，或是藉由裝死來靜待危機解除的「擬死（假死）」等等。

此外，也有將貝氏擬態與穆氏擬態合而為一的特技，可偽裝成比自己更加強大的動物，而且體色還與帶有毒性的動物相仿。還有在隱匿身形不被敵人發現之餘一邊伏擊獵物，能同時進行隱蔽型擬態和攻擊型擬態的動物。

雖然一言以蔽之曰「擬態」，但其中所涵蓋的內容包羅萬象，非常錯綜複雜。恐怕還有許多人類尚未曉的擬態存在呢。生命的構成充滿了未解之謎。尚未解開的真相有如恆河沙數難以計量哇！

第1章 偽裝成葉子

- ☐ 日本綠螽
- ☐ 地衣螽斯
- ☐ 鞾鞈鬼蛛
- ☐ 刺角蟬
- ☐ 越南苔蘚蛙
- ☐ 矛翠蛺蝶的幼蟲
- ☐ 爪哇葉螭
- ☐ 日本擬斑脈蛺蝶的幼蟲

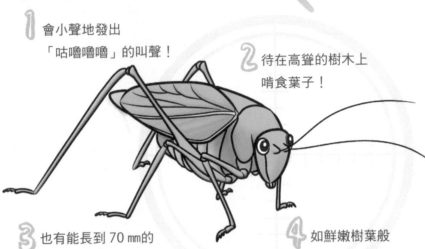

1 會小聲地發出「咕嚕嚕嚕」的叫聲！

2 待在高聳的樹木上啃食葉子！

3 也有能長到 70 mm 的大型同類存在！

4 如鮮嫩樹葉般翠綠的身體！

日本綠螽

擬態對象　葉子　　擬態等級　★★★☆☆

名字源自於織布機所使用的梭子

露螽的一種，特徵是鮮綠色的身體。居住地為本州以南的日本、臺灣、東南亞等。會雙身停駐在樹上，融入周遭的樹葉將自己隱藏起來。是夜行性動物，有時在入夜之後會朝有光的地方靠近。

日文漢字寫作「擬管卷」，正是因為其樣貌與織布機所使用的梭子（管卷）相似，因而得名。自江戶時代以來就在用該名稱來指稱螽斯科的動物了。

與日本綠螽親緣關係相近的臺灣擬騷螽，在日本國內只有奄美大島與高知縣的部分地區能發現其蹤跡，算是相當罕見的物種，聽說較為巨大的個體甚至可以長達 70 mm 呢。

資料

- 動物名：日本綠螽
- 學名：Holochlora japonica
- 分類：昆蟲綱直翅目螽斯科
- 全長：20〜30 mm
- 體色：綠色
- 分布地：本州以南、臺灣、東南亞
- 棲息地：樹上

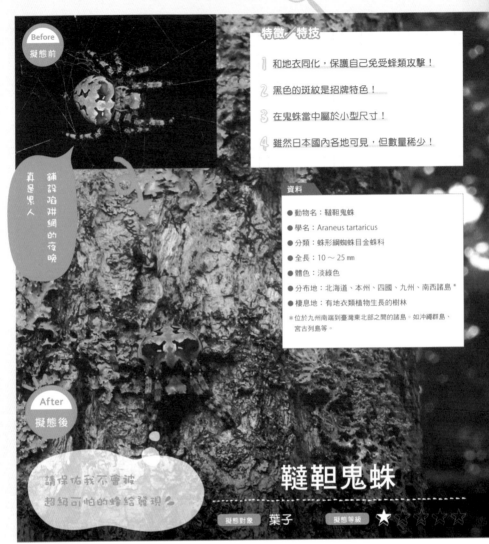

Before
擬態前

真是黑人

鋪設陷阱網的夜晚

After
擬態後

請保佑我不會被
超級可怕的蜂給發現

特徵／特技

1. 和地衣同化，保護自己免受蜂類攻擊！

2. 黑色的斑紋是招牌特色！

3. 在鬼蛛當中屬於小型尺寸！

4. 雖然日本國內各地可見，但數量稀少！

資料

● 動物名：韃靼鬼蛛

● 學名：Araneus tartaricus

● 分類：蛛形綱蜘蛛目金蛛科

● 全長：10～25 mm

● 體色：淡綠色

● 分布地：北海道、本州、四國、九州、南西諸島＊

● 棲息地：有地衣類植物生長的樹林

＊位於九州南端到臺灣東北部之間的諸島。如沖繩群島、
宮古列島等。

韃靼鬼蛛

擬態對象　葉子　　擬態等級　★☆☆☆☆

潛藏於地衣之間時被發現

在日本生活的鬼蛛的一種，而且在同類當中體型偏小。因為剛好在潛入「大裸緣梅衣（梅木苔）」之間時被人發現，所以才有了「苔鬼蜘蛛（コケオニグモ）」這樣的日文名字唷。為了避免天敵──蛛蜂科的蜂類找到自己，所以白天時會融入地衣類植物中隱匿身形。

入夜之後便結網展開狩獵行動，捕食蒼蠅或蛾等小型的昆蟲。背上的黑色斑紋很有特色吧。

特徵／特技

1 活用凹凸不平的突起扮演苔蘚！

2 生活在海拔 800m 以上的多濕森林！

3 不只擬態，連裝死（擬死）也很擅長！

4 容易飼育，作為寵物也廣受歡迎！

窺覺到危險時 我也會裝死唷

Before 擬態前

After 擬態後

資料

- ●動物名：越南苔蘚蛙（墨絲蛙）
- ●學名：Theloderma corticale
- ●分類：兩棲綱無尾目樹蛙科
- ●全長：60～80 mm
- ●體色：綠色及焦茶色
- ●分布地：越南北部
- ●棲息地：多濕且近溪流的森林

越南苔蘚蛙

巧妙地利用了身體的凹凸起伏

| 擬態對象 | 葉子 | 擬態等級 | ★★★★ |

擬態及擬死皆精通的技術專家

全身上下布滿了綠色及茶色的疙瘩，模樣極其罕見的蛙類。利用這身凹凸不平的疙瘩假扮成苔蘚，保護自己免於被外敵襲擊。而且這種越南苔蘚蛙一旦遭遇險境，便會將整個身體捲成球狀，連裝死都會呢！多麼令人驚嘆的能力呀。

居住在海拔800m以上的高地森林也是牠們的一個顯著特徵。性格溫馴，又易於飼育，所以在日本作為寵物也很受歡迎唷。

1 偽裝成葉子的是雌性！

2 公蟲會飛，但是母蟲不會！

3 白天時融入葉子當中靜止不動！

4 就算身體的一部分被吃掉了也不要緊！

爪哇葉䗛

擬態對象 **葉子**　　擬態等級 ★★★★★☆

正如其名，本人就像是樹葉

能變身成葉子的只有下，入夜之後才開始活動、食用樹葉唷。如果飼養在一塊，有時會發現牠們把同類的翅膀或腹部的一部分吃掉了，但據說並無大礙。真是強韌的生命力啊。

母蟲而已，公蟲可是跟葉子一點也不像唷。相對於此，公蟲能在空中飛行。母蟲的變身技術相當優秀，就跟日文名字「木葉虫（コノハムシ）」一樣，本人就像是樹葉。光是匆匆一瞥，根本看不出來有什麼蹊蹺。擁有如此高明的技巧，就算被追捕也能夠順利逃脫吧。

爪哇葉䗛居住的地方是東亞的熱帶地區，在日本並沒有這種動物。白天時靜靜地藏身於葉片底

資料

- ●動物名：爪哇葉䗛（紅黃葉䗛）
- ●學名：Phyllium pulchrifolium
- ●分類：昆蟲綱竹節蟲目葉竹節蟲科
- ●全長：60～80 mm
- ●體色：綠色
- ●分布地：東亞的熱帶地區（帛琉及斯里蘭卡等）
- ●棲息地：森林

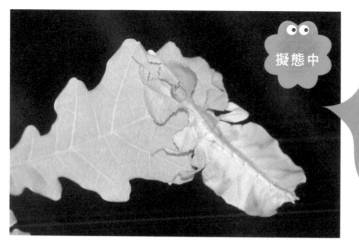

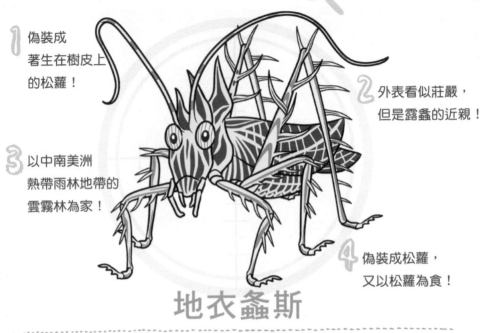

1 偽裝成著生在樹皮上的松蘿！

2 外表看似莊嚴，但是露螽的近親！

3 以中南美洲熱帶雨林地帶的雲霧林為家！

4 偽裝成松蘿，又以松蘿為食！

地衣螽斯

擬態對象 葉子	擬態等級 ★★★★☆

隱匿身形免於被外敵攻擊的防守達人

日文名字「松蘿螽斯（サルオガセギス）」當中的「松蘿」，是攀附在樹皮上垂洩而下的一種菌類叫作「地衣類」，為泛指絲狀植物的名稱，而地衣螽斯相當擅長偽裝成松蘿。雖然渾身是刺的模樣看起來肅穆而冷峻，但牠們其實是弱小的露螽的近親。性格平和而穩重，從來沒有人見過牠們和敵人戰鬥的樣子，只會專注於擬態成松蘿來隱匿身形。簡直就是「防守的達人」啊。

是完全全的草食性動物，在中南美洲熱帶雨林地帶的雲霧林中一邊吃著松蘿一邊保護自己不被敵人襲擊的同時，一邊吃著松蘿及其同類植物度日呢。

資料

- ●動物名：地衣螽斯
- ●學名：Markia hystrix
- ●名類：昆蟲綱直翅目螽斯科
- ●全長：100～150 mm
- ●體色：白綠色
- ●分布地：中南美洲的熱帶雨林
- ●棲息地：樹上

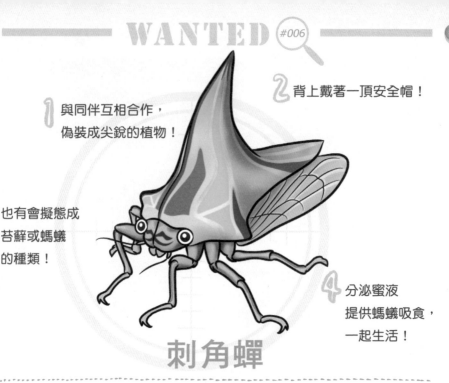

1 與同伴互相合作，偽裝成尖銳的植物！

2 背上戴著一頂安全帽！

3 也有會擬態成苔蘚或螞蟻的種類！

4 分泌蜜液提供螞蟻吸食，一起生活！

刺角蟬

擬態對象 葉子　　擬態等級 ★★★☆☆

無敵的尖刺陣式

角蟬科動物的背部就像是有著各式各樣形狀的安全帽一樣。有些呈現尖刺狀，有些則是像樹枝般的形狀。將這項特點充分活用，就可以偽裝成植物。刺角蟬的安全帽正如其名，和植物的尖刺十分相像。牠們的拿手絕活就是與同伴互助合作、排成一列，變身成帶有尖刺的植物。

主食是樹液，在吃飽之後還會分泌蜜液給螞蟻吸食，採取如此不可思議的行為正是其特徵。作為交換，螞蟻要負責保衛刺角蟬的人身安全。多麼聰明的生存方式呀。

資料

- 動物名：刺角蟬
- 學名：Membracidae
- 分類：昆蟲綱半翅目角蟬科
- 全長：10～12 mm
- 體色：綠色
- 分布地：中南美洲（哥斯大黎加等）
- 棲息地：植物的莖上及樹幹上等

1 也被稱作「男爵毛毛蟲」！

2 最喜歡芒果的葉子了！

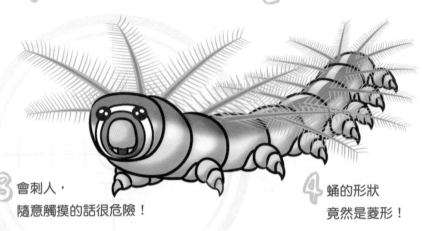

3 會刺人，隨意觸摸的話很危險！

4 蛹的形狀竟然是菱形！

矛翠蛺蝶的幼蟲

擬態對象　**葉子**　　擬態等級　★★★★★

和最愛的芒果一起生活

矛翠蛺蝶是翠蛺蝶的一蟲。要找到牠們的身影可說是相當不容易啊。

要是被刺到的話，那痛楚是「就連大人也會哭出來」的等級，所以絕對不要亂摸。從幼蟲變身成蛹的形狀為菱形，是個挺罕見的特徵。

矛翠蛺蝶是翠蛺蝶的一種，在棲息地也被人們稱作芒果男爵蝶（mango baron butterfly）唷。而毛毛蟲的英文單字拼法是caterpillar，所以有的時候也會稱幼蟲時期的牠們為男爵毛毛蟲（baron caterpillar）。

矛翠蛺蝶的幼蟲最喜歡芒果了，是以芒果葉為食並且在其周邊生活。牠們的擬態能夠完美地重現出芒果的葉脈，所以從上往下看的時候，還真無法分辨到底哪個是葉哪個是

資料

- ●動物名：矛翠蛺蝶的幼蟲
- ●學名：Euthalia aconthea
- ●分類：昆蟲綱鱗翅目蛺蝶科
- ●全長：50～60 mm
- ●體色：綠色
- ●分布地：印度、印尼、馬來西亞等
- ●棲息地：芒果樹及葉上

日本擬斑脈蛺蝶的幼蟲

擬態對象 **葉子**　擬態等級 ★★☆☆☆

特徵／特技

1. 以朴樹等的葉子為食！

2. 配合季節，顏色七種變化！

3. 幼蟲時期在落葉裡過冬！

4. 羽化成蟲後化作帶有斑紋的蝴蝶！

在葉子尚綠的時候，體色也變成綠色

葉子擬態

擬態中

枯葉擬態

等到季節更迭，葉片枯萎之時，就變身成茶色

資料

- ●動物名：日本擬斑脈蛺蝶的幼蟲
- ●學名：Hestina persimilis japonica
- ●分類：昆蟲綱鱗翅目蛺蝶科
- ●全長：40 mm
- ●體色：綠色、茶褐色（過冬時）
- ●分布地：日本全域
- ●棲息地：低地至丘陵地的雜木林

從綠葉轉變成枯葉

會擬態的時期是在幼蟲的階段，將身形隱匿於葉子上過冬。當葉片還是綠色的時候，身體就變成綠色。當葉片發紅、逐漸地變成黃色，身體也會與之相應轉黃，待完全枯萎之時再變化成茶色。竟然能配合季節輪轉去改變體色，除了精妙絕倫以外，再無其他評價可言了吧。

羽化成蟲之後，一躍變身為黑底翅膀上綴有白色斑紋的蝴蝶。日本擬斑脈蛺蝶的日文漢字寫作「胡麻斑蝶」。這名字聽起來就很強呢。

第2章 偽裝成枯葉

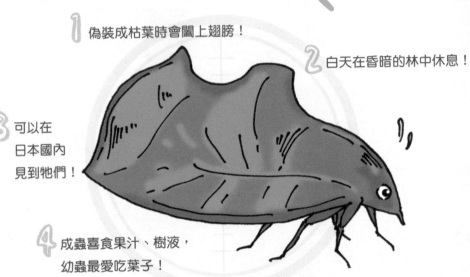

1 偽裝成枯葉時會闔上翅膀！

2 白天在昏暗的林中休息！

3 可以在日本國內見到牠們！

4 成蟲喜食果汁、樹液，幼蟲最愛吃葉子！

鳥嘴壺夜蛾

擬態對象　枯葉　　擬態等級　★★★★☆

日文漢字寫作「赤抉羽」

歸類於夜蛾科的一種地休養生息。

成蟲喜食果實的汁液、樹液等，而幼蟲則愛吃木防己這類防己科的葉子。不只有在日本，在朝鮮半島、中國等地也能見到牠們唷。

蛾，會擬態成被昆蟲吃過的「破葉（抉れた葉）」，是壺夜蛾亞科這個族群的一分子。其中，又因為鳥嘴壺夜蛾為紅色，所以日本將之命名為「アカエグリバ」，寫成漢字就是「赤抉羽」。名字挺帥氣的吧。

前翅上有紅褐色的紋理，看起來就像是枯葉的葉脈，將翅膀闔上之後就變身成枯葉了。因為牠們是夜行性動物，所以白天時會待在昏暗的林中好好

資料

- 動物名：鳥嘴壺夜蛾
- 學名：Oraesia excavata
- 分類：昆蟲綱鱗翅目夜蛾科
- 全長：40～50 mm（展翅）
- 體色：茶褐色
- 分布地：日本國內的各地
- 棲息地：森林

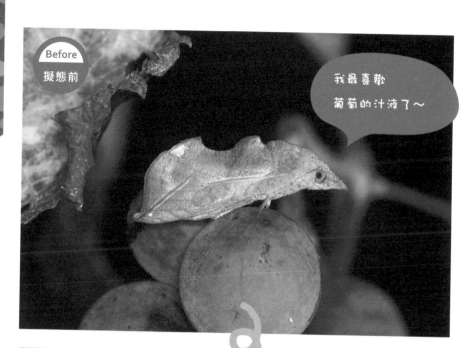

1 不只枯葉，也能偽裝成樹皮！

2 單用後腳垂掛於樹上！

3 最喜歡吃小型的蟲類！

4 平均大小有 70 ～ 100 mm左右！

角葉尾守宮

擬態對象 枯葉　　擬態等級 ★★★★★

連人類也感到畏懼的惡魔使者

角葉尾守宮棲息在漂浮於非洲大陸東南方海域的。該類生物當中體型最小的。牠們是夜行性動物，最喜歡吃小型昆蟲、節肢動物、小型爬蟲類等等。當地的人們視牠們為「惡魔的使者」而感到十分害怕。

上的島國——馬達加斯加島上的森林裡，是葉尾壁虎屬（Uroplatus）的一種，牠們能夠只用後腳就垂掛於樹枝上，並偽裝成枯葉或樹皮來隱藏身形唷。其中有部分個體甚至連被蟲蛀蝕的洞都可以模仿，相當令人驚異呢。

雖然在其他的葉尾壁虎屬動物當中也有可以長到超過300 mm的種類，不過這種角葉尾守宮只有70～100 mm左右。是

資料

- ●動物名：角葉尾守宮（撒旦葉尾守宮）
- ●學名：Uroplatus phantasticus
- ●分類：爬蟲綱有鱗目壁虎科葉尾壁虎屬
- ●全長：70 ～ 100 mm
- ●體色：褐色／黃褐色／黑褐色
- ●分布地：馬達加斯加東部（特有種）
- ●棲息地：森林

特徵／特技

1. 幼蟲利用眼珠花紋來裝凶嚇人！
2. 成蟲收起翅膀化身為枯葉！
3. 令人類厭惡的果園破壞王！
4. 日文漢字寫作「通草木葉」！

擬態中

幼蟲

喂喂喂，我可是很強的喔！

資料

- 動物名：枯葉夜蛾（枯落葉裳蛾）
- 學名：Eudocima tyrannus
- 分類：昆蟲綱鱗翅目裳蛾科
- 全長：90～100 mm（展翅）
- 體色：茶褐色
- 分布地：日本全域
- 棲息地：低地至丘陵地的雜木林

長大之後就變得相當穩重喔

擬態中

成蟲

枯葉夜蛾

擬態對象 枯葉　　擬態等級 ★★★★★

掌握截然不同的兩種擬態

在幼蟲時期，是利用位於身體前端的眼珠花紋假扮成強大的生物，轉為成蟲之後則偽裝成枯葉。擅長運用兩種不同的擬態，是種類型罕見的蛾。

從北至南棲息在日本各地唷。

是夜行性動物，會在夜間入侵果園吸食人類栽種的桃子或葡萄的汁，造成巨大的損害，令人頭疼。雖然牠們並非存心作惡，但無論如何還是會被人類討厭呢。

特徵／特技

腹部和腳上的條紋看起來很顯眼對吧

Before 擬態前

特徵是腳上有淡紫色的條紋！

擬態時會蜷縮身體，只露出背部！

尖尖的腳跟就像是葉子的尖端！

在日本也叫做「囚人雨蛙」！

資料

● 動物名：尖雨蛙
● 學名：Hyla calcarata
● 分類：兩棲綱無尾目樹蟾（雨蛙）科
● 全長：80～100 mm
● 體色：綠色～茶褐色
● 分布地：中南美洲
● 棲息地：樹上

不過，
只要縮起身體就行了。
就連敵人也不會注意到唷

After 擬態後

尖雨蛙

擬態對象 枯葉

擬態等級 ★☆☆☆☆

把顯眼的部分瞬間藏起的天才

在中南美洲的樹上生活的中型蛙類，特徵是腹部及腳上有著鮮豔的淡紫色（藤色）縱紋。雖然這個招牌特色相當搶眼，但是牠們也握有將之好好隱藏起來的技術，藉此保護自己不被敵人襲擊。縮起身體、只露出背部，就能變身成枯葉。簡直就是忍法當中的變身術呢。

在日本，有時也將尖雨蛙稱作「囚人雨蛙＊」，作為觀賞用寵物也十分受歡迎唷。

＊即俗名原文「メシュウドアマガエル」，因其身上的條紋就像囚衣。

第2章　偽裝成枯葉

成蟲（秋型）
Before 擬態前

平常的模樣
非常花俏唷

正在冬眠中，
所以請不要
和我搭話

After
擬態後

黃鉤蛺蝶

| 擬態對象 | 枯葉 | 擬態等級 ★★★★☆ |

特徵／特技

1. 成蟲有夏型與秋型！

2. 翅膀背面為紅褐色，
   就像是枯葉！

3. 喜食花朵、樹液、腐爛的果實！

4. 日文漢字寫作「黃立羽」！

資料

- 動物名：黃鉤蛺蝶（黃蛺蝶）
- 學名：Polygonia c-aureum
- 分類：昆蟲綱鱗翅目蛺蝶科
- 全長：45 ～ 65 mm（展翅）
- 體色：黃色～橙色
- 分布地：日本全域
- 棲息地：平地至低山地的草地及河岸等

在成蟲過冬期轉變成枯葉的模樣

成蟲有夏型與秋型，這兩種型態有著顯著的差異唷。夏型為土黃色，翅緣及斑點黑黑的。相對於此，秋型在黃色部分是鮮豔的金黃色（山吹色），褐色的翅緣較淡，黑色斑點也比較小。擬態的時間帶是在過冬的時候。翅膀背面呈現紅褐色，融入枯葉當中便形成了保護色。

主食是花朵、樹液、腐爛的果實等。可以在日本全域的草地及河岸等處見到牠們的蹤影唷。

40

Before
擬態前

庫氏侏儒凱門鱷

擬態對象 枯葉　　擬態等級 ★★★☆☆

嘿、嘿、嘿，差不多到了狩獵的時間囉

絕不會錯失良機

©Daniel Heuclin/Nature Production/amanaimages

After
擬態後

第 2 章 偽裝成枯葉

特徵／特技

1. 利用凹凸不平的鱗片與黑色的斑點扮演枯葉！

2. 用巨大的頸將魚（獵物）一口吞下！

3. 中南美洲的河川周邊為其地盤！

4. 在鱷魚當中是小型的種類！

資料

- ●動物名：庫氏侏儒凱門鱷（鈍吻古鱷）
- ●學名：Paleosuchus palpebrosus
- ●分類：爬蟲綱鱷目短吻鱷科
- ●全長：1200 ～ 1700 mm
- ●體色：茶褐色／黑褐色
- ●分布地：南美東北部
- ●棲息地：森林裡的河川及淺溪

一點也不像侏儒的道地獵人

名字當中的「侏儒」或許給人一種可愛的印象，實際上卻一點也不是這麼回事唷。因為本人可是條凶暴的鱷魚呢！背上的凹凸起伏與黑色的斑點，讓牠們巧妙地和川邊廣布的泥土及落葉融合在一起，能夠隱身於其中等待獵物上門。當有獵物進入自己的射程範圍內時，就張開血盆大口猛然突襲。

雖然侏儒凱門鱷在鱷魚當中屬於體型偏小的種類，但若是比較大隻的個體，那尺寸也是有一位成年人那麼長。還真不想偶然撞見牠們呀。

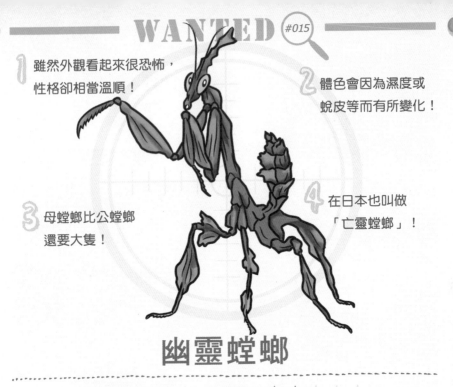

1. 雖然外觀看起來很恐怖，性格卻相當溫順！

2. 體色會因為濕度或蛻皮等而有所變化！

3. 母螳螂比公螳螂還要大隻！

4. 在日本也叫做「亡靈螳螂」！

幽靈螳螂

擬態對象　枯葉　　擬態等級　★★☆☆☆

外觀令人毛骨悚然的幽靈螳螂

彷彿是惡魔使者或幽靈般的恐怖外貌。正是因為那副模樣而被命名為「幽靈螳螂」。除了正式名字「ghost mantis（ゴーストマンティス）」之外，在日本有時也會稱牠們為「亡靈螳螂」或「幽靈螳螂」等等唷。

不過，這種螳螂和牠們給人的印象不同，身體偏小、性格上也相對溫馴。知道這件事之後，是不是覺得幽靈螳螂好像看起來有點可愛了呢？

居住在非洲大陸及南歐的灌木矮叢中的幽靈螳螂，在化身成枯葉的同時，會捕食蚱蜢及蜘蛛等昆蟲。特徵是體色會因濕度或蛻皮而有所變化，其中也存在著偏白色的個體唷。

資料

- ●動物名：幽靈螳螂
- ●學名：Phyllocrania paradoxa
- ●分類：昆蟲綱螳螂目姬螳科
- ●全長：45～50 mm
- ●體色：深茶褐色等
- ●分布地：肯亞、坦尚尼亞、迦納、喀麥隆等非洲各地
- ●棲息地：灌木矮叢

啊，
不用那麼怕我
也沒關係唷

Before
擬態前

有誰過來了！
我得趕緊
藏起來…

After
擬態後

1 闔上翅膀變身成枯葉!

2 翅膀的花紋會因個體差異而各有不同!

3 被日本環境省列為近危物種!

4 以動物糞便、腐爛的果實為主食!

枯葉蝶

擬態對象 枯葉 擬態等級 ★★★★★

稀少的沖繩縣天然紀念物

展開翅膀的時候有藍採集唷。

有橘,是種顏色鮮艷、相當美麗的蝴蝶唷。不過,點古怪,牠們是以吃動物的糞便、吸食腐爛果實的汁液維生。就人類的立場來看或許挺嚇人的吧。

枯葉蝶喜愛的食物有

當牠們一闔上翅膀又瞬間變身成了枯葉。不管是顏色還是形狀都判若雲泥。如此厲害的「變身術」就連忍者也自嘆不如吧。

枯葉蝶是種類珍貴的蝴蝶,近年來數量逐漸減少當中。所以日本的環境省將之列為近危物種(準絕滅危懼種),而且還是棲息地沖繩縣所指定的天然紀念物。當然,即便有幸發現牠們也不可以動手

資料

- ●動物名:枯葉蝶
- ●學名:Kallima inachus
- ●分類:昆蟲綱鱗翅目蛺蝶科
- ●全長:45～50㎜(展翅)
- ●體色:茶褐色(展翅時是靛藍色)
- ●分布地:印度、東南亞地區等。日本的話是沖繩群島、奄美群島等宮崎縣以南
- ●棲息地:陰暗的熱帶雨林裡

44

1 以枯葉般的蛹身靜靜地過冬！

2 連被蟲蛀食的洞都能忠實重現！

3 因個體數量減少，所以在某些地區被指定為瀕危物種！

4 羽化成蟲大變身，一躍成為美麗的蝴蝶！

流星蛺蝶的蛹

擬態對象　枯葉　　　擬態等級　★★★★☆

與原物一個樣的完美擬態

流星蛺蝶的擬態是在櫟等的樹液、成熟的果實、動物的糞便等等。由於所居的雜木林逐漸變少，導致近年來個體數量減少，所以有許多地區都將流星蛺蝶指定為瀕危物種了唷。

蛹期。以枯葉的姿態垂吊於樹枝下，在過冬的同時也靜靜地等待羽化成蝶的日子到來。重現了葉脈與被蟲蛀食的孔洞，和真正的葉子相差無幾。可謂完美的變身呢。

日文名字「墨流（スミナガシ）」的由來，是源自於成蟲翅膀上複雜的花紋，因其看起來就像是用繪畫技法「墨流」描繪而成。還會因個體差異而有各式各樣的花紋。

牠們喜歡的食物有麻

資料

- 動物名：流星蛺蝶的蛹
- 學名：Dichorragia nesimachus
- 分類：昆蟲綱鱗翅目蛺蝶科
- 全長：32～44 mm（展翅）
- 體色：茶褐色（蛹）
- 分布地：包括日本在內的東南亞全域
- 棲息地：低地至丘陵地的雜木林

擬態中

直到長大以前
都保持著變身的
狀態靜待時機

成蟲

沒被敵人襲擊，
平安順利地長
大了唷！

特徵／特技

Before 擬態前

1 利用尖尖的龜殼偽裝成落葉！

2 是完全陸生動物，不會游泳！

3 眼白是白色或灰色為雄性，黃色或紅色則為雌性！

4 以蚯蚓、昆蟲、水果等為食！

不知道有沒有什麼可以吃的

After 擬態後

我躲在這裡等待獵物上門好了

黑胸葉龜

資料

● 動物名：黑胸葉龜
● 學名：Geoemyda spengleri
● 分類：爬蟲綱龜鱉目地龜科
● 全長：115～130 mm
● 體色：紅褐色～茶褐色
● 分布地：中國南部至中南半島
● 棲息地：位於山地及丘陵的森林

擬態對象 枯葉　　擬態等級 ★☆☆☆☆

雖然不會游泳，但是擅長模仿

黑胸葉龜是種生活在中國南部及越南的森林裡的完全陸生龜類，牠們完全不會游泳唷。龜殼上帶有的尖刺是偽裝成落葉的障眼法，將身形隱藏起來正是黑胸葉龜的必殺技。

平常以蚯蚓、昆蟲等動物，以及植物、水果等為食。

眼白的部分偏向白色或灰色的話是雄龜，偏黃色或紅色則為雌龜。雖然和列為日本天然紀念物的日本地龜（琉球長尾山龜）長得很像，但兩者是不同的種類唷。

擬態中

我是捲曲的枯葉。
我不是蟲。

雙色美舟蛾

擬態對象 枯葉　　擬態等級 ★★★★★

特徵／特技

1. 橫跨整面翅膀的茶褐色花紋！
2. 看起來只會像一片捲曲的枯葉！
3. 廣泛棲息在日本全域！
4. 幼蟲以胡桃楸為食，成蟲不吃東西！

資料

● 動物名：雙色美舟蛾
● 學名：Uropyia meticulodina
● 分類：昆蟲綱鱗翅目舟蛾科
● 全長：48～59㎜（展翅）
● 體色：茶褐色
● 分布地：沖繩以外的日本全域
● 棲地：低山地至平地

翅膀的花紋已經是藝術品了

說到雙色美舟蛾最厲害的地方，就是那橫跨了整面翅膀的咖啡色花紋。

大部分地區都能見到牠們的蹤影，除此之外也分布於朝鮮半島、中國等地。

因為具有這樣的特色，所以不管從哪看、怎麼看，都只會覺得是一片捲起來的枯葉。想必不論是誰都會上當吧！在日本國內，

雙色美舟蛾在幼蟲時期是以橡實類為食，但歷經結蛹過冬、羽化成蟲之後，就不會進食了。多麼強韌的生命力啊。

1 將背部朝上，變身成枯葉！

2 當獵物靠近時就開始威嚇！

3 以馬來西亞的熱帶雨林為家！

4 在日本有時也稱之為「眼鏡蛇頭」！

眼鏡蛇枯葉螳螂

擬態對象 枯葉　　擬態等級 ★★★★☆

性格凶猛的蟄伏獵人

因為背部的形狀很像紅、黑色的華麗花紋，看起來十分強悍。

馬來西亞的熱帶雨林是眼鏡蛇枯葉螳螂的家。也有不少同類，像是勾背枯葉螳螂等等。

是毒蛇當中的眼鏡蛇的頭，所以也有「眼鏡蛇頭（コブラヘッド／cobra head）」的別名，是種性格凶暴的螳螂。為了捕獲獵物，會將茶色的背部朝上，並融入枯葉當中準備伏擊。嗯……真是可怕。要是被抓住了就只有死路一條。

當有獵物靠近時，牠們就會猛然站起，揮舞著左右鐮刀開始做出激烈的威嚇行為。雖然背部是樸素的茶色，但在腹部有著

資料

- 動物名：眼鏡蛇枯葉螳螂
- 學名：Deroplatys truncata
- 分類：昆蟲綱螳螂目螳科
- 全長：70～80 mm
- 體色：茶褐色
- 分布地：東南亞（馬來西亞等）
- 棲息地：熱帶雨林

1 因為臉上有三個地方尖尖的所以取名「三角」！

2 體表上還有葉脈及蟲蛀洞般的花紋！

3 白天時靜止不動，入夜之後才開始活動！

4 雖然主食是昆蟲，但有時也會吃其他蛙類！

三角枯葉蛙

擬態對象　枯葉　　擬態等級　★★★☆☆

跟枯葉一模一樣的背部質感

在左右眼上方與嘴尖這三處有突起物，再加上那與枯葉相像的外觀，而被命名為「三角枯葉蛙」。背部的紋樣會因個體差異而各有不同，也有連葉脈及蟲蛀洞都能加以重現的案例。從上方俯視的話，任誰都不會覺得那是一隻青蛙吧。

泰國、馬來西亞、印尼等東南亞地區的森林是牠們的家。是典型的夜行性動物，白天時會隱匿在落葉中靜止不動。然後到了晚上就開始活動，捕食

在左右眼上方與嘴尖這三處有突起物，再加上當中，似乎也存在著會把其他蛙類吃下肚的貪吃鬼蚯蚓、老鼠等動物。在這唷。

資料

- ●動物名：三角枯葉蛙
- ●學名：Megophrys nasuta
- ●分類：兩棲綱無尾目角蟾科
- ●全長：70～140㎜
- ●體色：茶褐色
- ●分布地：印尼、新加坡、馬來西亞
- ●棲息地：近溪流的森林林床

52

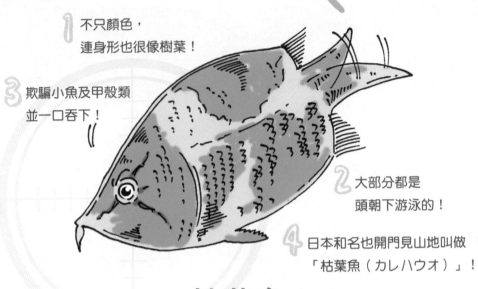

1 不只顏色，連身形也很像樹葉！

3 欺騙小魚及甲殼類並一口吞下！

2 大部分都是頭朝下游泳的！

4 日本和名也開門見山地叫做「枯葉魚（カレハウオ）」！

枯葉魚

擬態對象　枯葉　　擬態等級 ★★★★☆

在水中隨波逐流尋覓獵物

暗茶色。身體扁平，吃掉囉！

在日本也稱枯葉魚為「木葉魚（コノハウオ）」，作為水族館或觀賞用寵物也相當受歡迎。

平常是頭部朝下游泳，看起來就像死魚一般了無生氣。有時也會融入真正的枯葉當中靜止不動。所以說，根本沒有人會發現。被欺騙而貿然靠近的小魚或甲殼類才一眨眼的功夫就會被枯葉魚給

軍也不為過吧。

葉魚是水生擬態生物的冠聯想到是條魚呢。若說枯那副模樣，完全不會令人枯葉，在水裡漂來漂去的形。全身上下無一處不像且前端呈現尖銳狀的外

資料

- ●動物名：枯葉魚（多棘單鬚葉鱸）
- ●學名：Monocirrhus polyacanthus
- ●分類：條鰭魚綱鱸形目葉鱸科
- ●全長：80～100 mm
- ●體色：茶色／灰色等
- ●分布地：亞馬遜河等南美北部
- ●棲息地：河川（淡水魚）

Before
擬態前

平常就在裝死了

After
擬態後

和真正的枯葉待在一塊的話，沒有人分辨得出來唷

去見見擬態生物吧！

擬態生物十分不可思議、充滿了謎團、美麗、帥氣、又令人喜愛……。知道越多關於擬態生物的事情，就越能感受到其魅力，想親眼見到牠們的慾望與日俱增，沒錯吧？有許多擬態生物棲息在日本的自然界中，像是森林、草原、大海等等，如果運氣夠好，說不定有機會能與牠們相見。

話雖如此，若想確保自己可以盡早見到這些動物的話，前往動物園、昆蟲館（昆蟲園）、水族館（水族園）這類的設施應該是最實際的行動。雖然沒有專門搜羅擬態生物的設施，不過只要試著搜尋一下，就會發現有很多地方都展示了不少擬態生物。尤其昆蟲館更是擬態生物的寶庫。這群擅長偽裝成葉子或枯葉、以模仿特技為傲的生物們，正引頸期盼各位的大駕光臨唷！東京的話有多摩動物公園內的昆蟲園，大阪則以箕面公園昆蟲館等較為有名。

除此之外，集結了擬態生物的特別展或企劃展也頻頻在日本全國各地舉辦，自行前往參觀也不失為一個方法。2018 年 6 月 28 日～11 月 25 日於東京池袋的陽光水族館舉辦的「偽裝動物展 *1」就好評如潮唷。除此之外，在埼玉水族館的「騙人展～水邊的魔術師們～ *2」、在德島明日多夢樂園兒童科學館的「別被擬態戰隊騙了唷 *3」等展覽，也曾在暑假期間舉辦過。不知道在讀者當中是不是也有大喊著「我有去看唷！」的小朋友呢？

如果有興趣的話，就試著在網路上搜尋「擬態 特別展」、「擬態 企劃展」之類的關鍵字吧。或許可以找到目前正舉辦中、或是之後預定舉辦的活動等相關資訊唷。如果靠自己辦不到的話，去拜託一下爸爸、媽媽等身邊的大人吧！

＊1 化ケモノ展
＊2 だまされた展～水辺のマジシャンたち～
＊3 擬態戦隊ダマすんジャー

「偽裝動物展」當中陳列了許多在本書登場的個性豐富的擬態生物們
（※ 照片為太陽城）

第3章 偽裝成樹幹、樹枝

☐ 白臉角鴞

☐ 樺尺蛾

☐ 鉤線青尺蛾的幼蟲

☐ 枝蝗

☐ 柿癬皮瘤蛾

☐ 林鴟

☐ 長耳鴞

☐ 長身短肛竹節蟲

☐ 黃小鷺

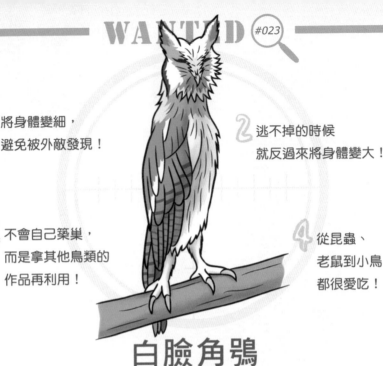

1 將身體變細，避免被外敵發現！

2 逃不掉的時候就反過來將身體變大！

3 不會自己築巢，而是拿其他鳥類的作品再利用！

4 從昆蟲、老鼠到小鳥，都很愛吃！

白臉角鴞

擬態對象　樹枝　　擬態等級　★★☆☆☆

完全改變身形進行攻守交換

在撒哈拉沙漠以南的非洲大陸生活的一種貓頭鷹，特徵是灰白色的翅膀呀。

其日文名字的漢字寫作「阿弗利加大木葉木莬」，總覺得很像在念是自然形成的樹縫間的洞穴等處為家。真是聰明經。

一旦察覺有外敵接近時，便會緊縮起身體讓自己變細，偽裝成周遭樹枝的一部分。

這下逃不掉了！若是遇到這種情況，就反過來將身體變大，營造自己很強大的假象。這是在千鈞一髮之際才會使出的搏命手段唷。

白臉角鴞不會自己築巢，而是以烏鴉或老鷹等其他鳥類所做的舊巢、或

資料

● 動物名：白臉角鴞
● 學名：Ptilopsis leucotis
● 分類：鳥綱鴞形目鴟鴞科
● 全長：190～240 mm
● 體色：灰色與白色
● 分布地：非洲大陸（撒哈拉沙漠以南的地區）
● 棲息地：開闊的樹林、灌木叢等

© 掛川花鳥園

1 徹底化身為白樺等顏色偏白的樹木！

2 整體呈現灰白色，特徵是暗褐色的斑紋！

3 展翅的狀態下略小於 50 ㎜，是中型的蛾類！

4 是專攻生物演化的學生必學的種類！

樺尺蛾

擬態對象　樹枝　　擬態等級　★★★☆☆

在工業革命時代 也出現了黑色的種類

雖然是以灰白色的類　　秘」吧。

型居多，但聽說在英國工業革命興起的時代，因為日本的話，在北海道以及本州的山地、平野地帶，可以見到牠們的蹤影，就停駐在白樺等顏色偏白的樹木上，巧妙地將身形隱藏起來了唷。

工廠排放廢氣讓附近變得黑壓壓一片，為了配合環境導致黑色類型的蛾開始變多了。而且是短時間內出現一堆黑蛾。這種蛾是能夠適應環境變化進行演化的代表例子，專攻生物演化的學生一定會學到關於樺尺蛾的知識。

在空氣汙染的狀況有所減緩的現今，黑蛾幾乎消失殆盡，變成出現一堆白蛾。這就是「生命的神

資料

● 動物名：樺尺蛾（霜斑枝尺蠖蛾）
● 學名：Biston betularia parva
● 分類：昆蟲綱鱗翅目尺蛾科
● 全長：38 ～ 50 ㎜（展翅）
● 體色：灰白色
● 分布地：日本的話是北海道、本州
● 棲息地：高海拔山地

沒有危險的話
就不變身了

Before
擬態前

如此一來
就算有敵人靠近
也很安心唷

After
擬態後

特徵／特技

- 身體一邊模仿枹櫟芽一邊成長！
- 初夏的擬態像新芽，過冬時期則像冬芽！
- 幼蟲以植物為食，成蟲吸食花蜜！
- 可以在沖繩以外的日本地區見到牠們！

> 那麼，差不多是時候來進行轉大人的準備囉

Before 擬態前

After 擬態後

資料

- 動物名：鉤線青尺蛾的幼蟲
- 學名：Geometra dieckmanni
- 分類：昆蟲綱鱗翅目尺蛾科
- 全長：20～30 mm
- 體色：綠色
- 分布地：沖繩以外的日本全域
- 棲息地：平地至低山地的樹林周邊

> 如何？
> 我和枹櫟的芽像到難以分辨吧

鉤線青尺蛾的幼蟲

| 擬態對象 | 樹芽 | 擬態等級 | ★★★☆☆ |

隨著季節變換擬態類型

會擬態的時期是在幼蟲的階段，初夏時就像枹櫟的新芽，隨著時光流轉到了冬天，就變身成枹櫟的冬芽。牠們最厲害的地方，就是能夠配合枹櫟芽的成長模仿其樣貌，一邊蛻皮長大。從小就開始模仿一直到長大成蛾。就連精於模仿的藝人也對牠們甘拜下風。

由於成蟲的翅膀上有兩個白線呈鉤狀彎曲的花紋，所以被取了一個複雜又冗長的日文名字「カギシロスジアオシャク（鈎白筋青尺）」唷。

第3章　偽裝成樹幹、樹枝

經常有人說我是天生一張可愛的臉孔

Before 擬態前

After 擬態後

ɘ

至今為止沒有在任何人面前穿幫過

與其說是蝗蟲，更像竹節蟲的同類！

翅膀退化了，幾乎無法飛行！

連顏色與質感都跟樹枝維妙維肖！

較大的個體甚至能到體長 200 mm！

資料

- 動物名：枝蝗
- 學名：Proscopiidae
- 分類：昆蟲綱直翅目蝗科
- 全長：150 mm
- 體色：綠色、茶褐色等
- 分布地：南美的熱帶地區
- 棲息地：森林的灌木叢

枝蝗

擬態對象　樹枝　　擬態等級 ★★★★★

那擬態的完成度比本尊更勝一籌

雖然枝蝗是一種生活在南美森林裡的蝗蟲，不過翅膀已經大幅退化，幾乎飛不起來。與其說是蝗蟲，牠們的模樣還比較像竹節蟲呢。體型頗為巨大，連超過 200mm 的個體也已被證實存在。

如同照片中所見，在外形、顏色、花紋、質感等方面，枝蝗無一處不像樹枝，說是「超越本尊」的相似度也完全不為過。那惹人憐愛的臉也是牠們的一大特色唷。

1 翅膀的突起演繹出樹皮的感覺！

2 有灰褐色、暗褐色等，翅膀的顏色五花八門！

3 是夜行性動物，白天停在樹幹上休息！

4 在葉片的背面結繭成蛹！

柿癬皮瘤蛾

擬態對象　樹皮　　擬態等級 ★★★☆☆

人如其名，擅長偽裝的蛾

柿癬皮瘤蛾棲息的地方是在北海道以外的日本全域，人如其名＊，牠們最擅長偽裝成樹皮了。翅膀的顏色有很多種，像是帶著灰褐色、暗褐色、或綠色等等，牠們會緊黏在與自己的顏色相應的樹幹上來隱藏身形。翅膀上到處都有隆起的部分，具有增加樹皮質感的效果。一眼看過去還真不曉得牠們躲在那裡。

是夜行性動物，白天總是在休息。會在葉片背面結繭成蛹這一點也是一大特徵。雖然已知幼蟲是以柿樹科植物為食，但目前還無人知曉成蟲的食物究竟是什麼唷。

資料

- ●動物名：柿癬皮瘤蛾
- ●學名：Blenina senex
- ●分類：昆蟲綱鱗翅目瘤蛾科
- ●全長：38 ～ 40 mm（展翅）
- ●體色：淡茶褐色、灰褐色等
- ●分布地：本州以南
- ●棲息地：雜木林、果園等

＊柿癬皮瘤蛾的日文為「キノカワガ（木の皮蛾）」，直譯就是樹皮蛾。

1 圓滾滾大眼睛
配上怪獸般的嘴巴！

2 白天時半瞇著眼
安靜地變身為樹枝！

3 入夜後開始狩獵，
捕食昆蟲等動物！

4 因為常常站在樹枝上，
所以叫做「立夜鷹」！

林鴟

| 擬態對象 | 樹枝 | 擬態等級 | ★★★★★☆ |

看過一次就難以忘懷、令人印象深刻的容貌

彷彿就要發出「咕——枝上，所以日文名字被取溜」聲的那雙大眼睛。再做「立夜鷹（タチヨタ加上好似要像怪獸大叫出カ）」。是一夫一妻制，「咕耶——」的大嘴巴。公鳥會協助孵蛋。所有的那副模樣給人的印象十分爸爸都是奶爸呢。強烈，還很有人氣。林鴟是生活在中南美洲森林裡的一種夜鷹，白天時半瞇著眼偽裝成樹枝靜止不動。因為是夜行性動物，所以牠們的活動時間在晚上。看準了在附近飛來飛去的昆蟲及小型鳥類，利用這張大嘴迅速捕獲獵物。

由於經常直直立在樹

資料

- ●動物名：林鴟
- ●學名：Nictibius
- ●分類：鳥綱夜鷹目林鴟科
- ●全長：210～580 mm
- ●體色：茶褐色、灰褐色等
- ●分布地：中南美洲、西印度群島
- ●棲息地：森林

1 老虎似的斑紋遍布於全身！

2 察覺到有敵人接近時，便拉長身體化身為樹幹！

3 頭上凸出的那對不是耳朵，是羽毛！

4 展開雙翼後有將近 1000 ㎜！

長耳鴞

擬態對象 樹幹　　擬態等級 ★☆☆☆☆

鴞鴞的代表性人氣種類

可以在日本見到的代表性鴞鴞種類，因為有著一副帶有虎斑花紋似的身體，所以在日本將之命名為「トラフズク」，漢字就寫作「虎斑木菟」。

「斑」就是斑紋的意思唷。

就和其他的貓頭鷹一樣，長耳鴞屬於夜行性動物，白天幾乎都在睡覺。

牠們的聽力非常優秀，能夠及早察覺到敵人接近的動靜。當有敵方靠近時，為了隱藏身形，長耳鴞會縱向拉長自己的身體藉以變身成樹幹唷。

雖然頭上附帶的突起物看起來像耳朵，但其實那是羽毛的一部分。該部位叫做「角羽（耳羽）」，能夠候地伸直或是折起。

資料

- ●動物名：長耳鴞
- ●學名：Asio otus
- ●分類：鳥綱鴞形目鴟鴞科
- ●全長：350～400 ㎜
- ●體色：灰褐色、茶褐色
- ●分布地：日本全域
- ●棲息地：平地至低山地的森林等

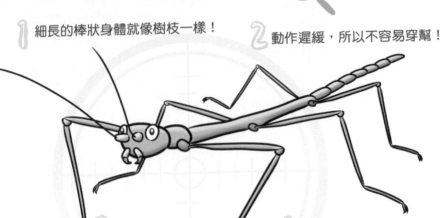

1 細長的棒狀身體就像樹枝一樣！

2 動作遲緩，所以不容易穿幫！

3 有綠色、褐色等各式各樣的體色！

4 在竹節蟲當中屬於大型種類！

長身短肛竹節蟲

擬態對象 **樹枝**　　擬態等級 ★★★★★

加上「擬」才是正式名稱

日本人一般稱竹節蟲為「七節（ナナフシ）」，但其實還要再添上「擬（モドキ）」這個字變成「七節擬（ナナフシモドキ）」，才是長身短肛竹節蟲在日本的正式名稱唷。漢字寫作「七節」，泛指有很多節的樹枝。

「擬」這個詞代表「貌同實異」，因為這種昆蟲很像樹枝，才會如此命名。

光是外觀就已經像極了樹枝，再加上平常十分緩慢的動作，要發現牠們

可說是相當困難。體色有綠色、褐色等，種類很豐富唷。

長身短肛竹節蟲棲息在沖繩以外的日本全域，一邊吃闊葉樹的葉子一邊過著悠閒自在的生活。

資料

- ●動物名：長身短肛竹節蟲
- ●學名：Baculum elongatum
- ●分類：昆蟲綱竹節蟲目竹節蟲科
- ●全長：60～100 mm
- ●體色：綠色、茶褐色
- ●分布地：本州、四國、九州
- ●棲息地：平地至低山地的雜木林等

就算附近
沒有真的樹枝
也很容易搞混吧？

Before
擬態前

要玩捉迷藏的話
包在我身上

After
擬態後

1 以蘆葦叢生的濕地為家！

2 有人靠近時，會向上伸長脖子一動也不動！

3 母鳥的脖子至胸前有線狀花紋！

4 在空中飛時會盡可能地低空飛行！

黃小鷺

擬態對象 樹枝或草　　**擬態等級** ★★☆☆☆

維持姿勢的驚人忍耐力

正如其名＊，生活在蘆葦草茂密叢生的濕地，是一種鷺科動物。為了避免被敵人發現，有不會在高空飛翔的習性，於低空飛行的同時，還會一邊捕食住在水邊的昆蟲及魚唷。

幼鳥的特徵是整個身體都有縱向條紋，成鳥則是雌性的脖子至胸前才有。一旦有人類靠近，黃小鷺就會向上伸長脖子擬態成蘆葦草或樹枝，並一直保持這種姿勢。維持仰望天空的姿勢，一動也不動。多麼驚人的忍耐力呀！

因為很喜歡低處，所以鳥巢也不是築在高高的地方，而是收集枯葉建在草地上。盤子一樣的形狀正是巢的招牌特色唷。

資料

- 動物名：黃小鷺（黃葦鷺）
- 學名：Ixobrychus sinensis
- 分類：鳥綱鸛形目鷺科
- 全長：350～400 mm
- 體色：淡茶色
- 分布地：日本全域
- 棲息地：湖沼、河川等蘆原

＊黃小鷺的日文為「ヨシゴイ（葦五位／葭五位）」。

為了避免被敵人發現，
我們不會在高空中飛行

Before
擬態前

After
擬態後

嗯!? 好像有人類
來到這附近了……

飼養看看擬態生物吧！

透過這本書，見識到許多擬態生物的照片、插圖。然後也在昆蟲館、水族館、於各地舉辦的特別展等等，親眼見到了這些生物。不過，光是這樣還無法滿足！想必在讀者當中也有這種慾望無窮的貪心鬼吧。若是這樣的話，就只剩下一條路了。也就是謀求究極的互動——作為寵物飼養。

飼養動物一點也不輕鬆，而且需要花錢、要有地方養。不應該用吊兒郎噹的態度草率面對。此外，就算腦中萌生「好想養這種生物！」的念頭，也不代表就有辦法入手或是有能力飼育那些動物。像是人面蝽象（P155）這種原本就被禁止進口到日本的生物，還有在大型魚缸（水槽）、溫室等處才能存活的魚類及昆蟲。畢竟，不是所有事情都能盡如人意。

話雖如此，仍有部分的擬態生物在日本市面上流通，而且還能以一般家庭所能設置、適當大小的魚缸或飼育箱進行飼養。舉例來說，枯葉魚（P54）作為寵物就很受歡迎，雖然也會因大小而有所差異，但是花個2,000～5,000日圓左右就可以買到1條唷！在有販售熱帶魚的寵物店或水族店，或是利用網路商店、網路拍賣市場等管道皆能購入。愜意地觀賞在魚缸裡四處漂來漂去的「枯葉」……覺得身心都被療癒了呢。

除此之外，爪哇葉螳（P24）、越南苔蘚蛙（P23）等動物也有不少粉絲，還有外表美麗的突吻鸚鯛（P153）、鋸尾副革單棘魨（P134）、本氏蝴蝶魚（P127）等等，作為觀賞魚都十分受歡迎。若有什麼中意的生物，要不要和家裡的人商量過後，試著挑戰看看飼育這門學問呢？想必會為各位帶來更多嶄新的發現。

由於枯葉魚是肉食性，所以把小魚放到魚缸裡的話會有危險哦！

第4章 僞裝成陸地上的景色 *

- ☐ 柳雷鳥
- ☐ 弓足梢蛛
- ☐ 疣蝗
- ☐ 變色龍
- ☐ 波紋綠翅蛾的幼蟲
- ☐ 河原蝗
- ☐ 德州角蜥
- ☐ 蘭花螳螂
- ☐ 侏噝蝰

特徵／特技

1 羽毛是紅褐色，脖子以上特別紅！

2 到了冬天，羽毛會轉為純白色！

3 埋進雪中把自己藏起來！

4 主食是果實、穀物，偶爾也會吃昆蟲！

Before 擬態前

> 一般模式時，整個身體都紅通通的

資料

- ●動物名：柳雷鳥
- ●學名：Lagopus lagopus scotica
- ●分類：鳥綱雞形目雉科
- ●全長：350～370 mm
- ●體色：紅褐色、白色等
- ●分布地：不列顛群島等
- ●棲息地：高山上

> 純白色是冬天模式。
> 嗯～要藏在哪裡好呢!?

柳雷鳥

After 擬態後

擬態對象 雪　　擬態等級 ★☆☆☆☆

雪國限定的特殊擬態

一種雷鳥，通常羽毛是紅褐色。在脖子以上的地方、尤其眼睛周邊呈現紅色，所以日文名字叫做「赤雷鳥（アカライチョウ）」。不過，到了冬天就會開始換羽，搖身一變切換成純白色的樣貌。周遭有積雪時，牠們更能大展身手──將自己的身體埋入雪堆中，和景色整個融為一體。在大雪紛飛之際，是絕對找不到牠們的！

平常以啄食果實、穀物等維生，但偶爾也會吃些昆蟲的樣子。

76

擬態中

嘿嘿嘿，如我所料地掉入陷阱了吧

弓足梢蛛

擬態對象 花　擬態等級 ★★☆☆☆

特徵／特技

1 配合背景去改變體色！

2 有時屁股的部分看起來像人臉！

3 經常待在「毛果一枝黃花」這種花上！

4 腳打開僅 5 ～ 10 ㎜ 的小型種類！

可白可黃，自由自在地變色

這種蜘蛛有著超厲害的特技——可以配合花朵的顏色來改變自己的體色。碰上白花就變成白色，遇上黃花就變成黃色。就像這樣調整體色融入花瓣當中，等待螞蟻、蜂等獵物上門。究竟為什麼牠們能夠做到如此不可思議的事情呀？

在日本，經常可以看到弓足梢蛛待在名為「毛果一枝黃花（秋の麒麟草）」的黃花上，所以才會有「秋の麒麟草蟹蜘蛛（アキノキリンソウカニクモ）」這個日文名字唷。

資料

● 動物名：弓足梢蛛

● 學名：Misumena Vatia

● 分類：蛛形綱蜘蛛目蟹蛛科

● 全長：5 ～ 10 ㎜

● 體色：黃色（因應花色變化）

● 分布地：北美

● 棲息地：日照充足的山地及草原

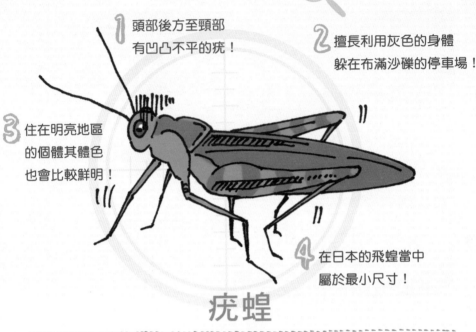

1 頭部後方至頸部有凹凸不平的疣！

2 擅長利用灰色的身體躲在布滿沙礫的停車場！

3 住在明亮地區的個體其體色也會比較鮮明！

4 在日本的飛蝗當中屬於最小尺寸！

疣蝗

擬態對象　地面　　擬態等級　★★☆☆☆

✳ 小小的身體與地面融為一體

疣蝗是飛蝗的近親，中國北部等地。在明亮地區生活的個體其體色也會變得較為鮮明，這種現象已經被證實了唷。

頭部後方至頸部如疣般凹凸不平，因而得名。是草食性動物，雖然大多藏於草木之間，但有時也會在有人煙的地方出沒。疣蝗擅長活用那灰灰的體色，潛藏在布滿沙礫的停車場等處的地面。小心別一不注意就往牠們身上踩下去囉。

除了日本國內以外，疣蝗也分布於朝鮮半島、

資料

● 動物名：疣蝗
● 學名：Trilophidia japonica
● 分類：昆蟲綱直翅目蝗科
● 全長：18 ～ 35 mm
● 體色：灰褐色、茶褐色
● 分布地：本州、四國、九州
● 棲息地：乾燥平地的草木之間等

1 依據各種目的或感情改變顏色！

2 變化體色來調節體溫！

3 利用四根腳趾及尾巴抓住樹枝！

4 伸出超～長的舌頭吞食昆蟲！

變色龍

擬態對象	背景顏色等	擬態等級	★★★☆☆

改變顏色的動物界冠軍

在能改變體色的動物軍當中，最有名的莫過於變色龍了吧。所謂的「變色龍」就是避役科動物的總稱，隸屬於該科動物的變色龍大約有200種，可謂相當驚人。牠們棲息在非洲的森林地帶，以捕食昆蟲維生唷。

據說變色龍改變體色的理由有百百種。除了基本的偽裝以外，還能用來調節體溫、讓自己看起來很強大、表達憤怒的情緒等等。什麼都做得到呢！

不愧是變身動物界的冠軍。

在能改變體色的動物軍。牠們還有一個特技——能夠個別轉動左右眼的眼球唷。

資料

- 動物名：變色龍
- 學名：Chamaeleonidae
- 分類：爬蟲綱有鱗目避役科
- 全長：30～700 mm
- 體色：因應狀況變化
- 分布地：非洲、馬達加斯加島等
- 棲息地：森林的樹上

Before
擬態前

變出條紋
對我來說
也是輕而易舉

就連隱藏在
葉子當中也辦得到

After
擬態後

1　在幼蟲時期會擬態，
　　偽裝成各式各樣的花朵！

3　「camouflaged looper」
　　直譯就是
　　「變裝的尺蛾」！

2　扒下部分花朵組織
　　拿來自用也是絕技之一！

4　成蟲的翅膀上
　　有白色波浪般的紋樣！

波紋綠翅蛾的幼蟲

擬態對象　花　　擬態等級　★★★★☆

❀ 配合花色及形狀變幻自如

波紋綠翅蛾是一種棲息在北美大陸全域的尺寸。連綴在翅膀上的白色波浪花紋很有特色。

有20～30 mm，屬於小型尺蛾，在幼蟲期很擅長偽裝成花朵。

牠們的技術非常優秀，可以配合顏色、形狀等各式各樣的特點去進行模仿。而且還會扒取花朵組織的一部分，再使用從口中吐出的絲線，將這些組織黏在自己背上尖尖的部分。連「必殺技」都有呢，實在是太精彩了！不能因為是幼蟲就小看牠們呢。

成蟲在展翅的狀態下

資料

- ● 動物名：波紋綠翅蛾（偽裝尺蠖）的幼蟲
- ● 學名：Synchlora aerata
- ● 分類：昆蟲綱鱗翅目尺蛾科
- ● 全長：20～30 mm
- ● 體色：綠色、茶褐色等
- ● 分布地：北美全域
- ● 棲息地：矮樹及花朵上等

擬態中

擬態中

83

Before
擬態前

待在這的話果然還是會被發現吧

特徵／特技

1 以拳頭大的亂石遍布的河岸為家！

2 不只身體，連腳尖都完美化成灰色！

3 飛行時露出的藍色翅膀相當美麗！

4 基本上是草食性，但有時也會捕食昆蟲！

After
擬態後

不過，這裡的話就不會露出馬腳了～

資料

- 動物名：河原蝗
- 學名：Eusphingonotus japonicus
- 分類：昆蟲綱直翅目蝗科
- 全長：25～45 mm
- 體色：灰褐色
- 分布地：沖繩以外的日本全域
- 棲息地：亂石遍布的河岸

河原蝗

擬態對象　河岸的石頭　　擬態等級 ★★★☆☆

棲息在沖繩以外的日本特有種

河原蝗以亂石遍布的河岸為家，是日本的特有種蝗蟲，可以在沖繩以外的日本全域見到牠們的蹤影。話雖如此，想在亂石遍布的區域發現牠們的身影，還真不是件容易的事情。河原蝗全身上下都是完美的灰色。完全融入了石堆當中，是隱匿身形的高手。

另一方面，當牠們在空中飛行時，那帶有藍彩的翅膀前端閃耀的鮮豔光輝又非常美麗。不管是雄性還是雌性都能用後腳摩擦翅膀發出聲音唷。

特徵／特技

1. 察覺到危險時會在地面上靜止不動！
2. 要是被敵人發現了，就脹起身體準備應戰！
3. 有個大絕招是從眼睛或嘴巴噴射出血柱！
4. 平常都在吃螞蟻！

Before
擬態前

嗯～接下來去找些餌食來吃好了

哎呀！好像有敵人往這邊靠近了

第4章 ✳ 偽裝成陸地上的景色

資料

After
擬態後

- ● 動物名：德州角蜥
- ● 學名：Phrynosoma cornutum
- ● 分類：爬蟲綱有鱗目美洲鬣蜥科
- ● 全長：65～115 mm
- ● 體色：茶褐色
- ● 分布地：美國西部、墨西哥
- ● 棲息地：日照充足的多岩地區等

德州角蜥

擬態對象 地面　擬態等級 ★★★★☆

在棲息地德州屬於受保護種

以美國的德克薩斯州為中心分布各地的一種蜥蜴，有著蛙般的圓滾滾身體，皮膚粗糙且凹凸不平。最近因為數量有減少的趨勢，所以被列為受保護種，所有、運輸、販賣等行為皆被禁止。

德州角蜥是個無可救藥的螞蟻愛好者，飲食生活中有70％都是螞蟻。有敵人接近時，會活用帶有保護色的身體隱匿於地面唷。但要是不幸被敵人發現了，就會脹起身體來避免被對方吞食，或是從眼睛、嘴巴等處噴出血液來自保。真是豪爽呢！

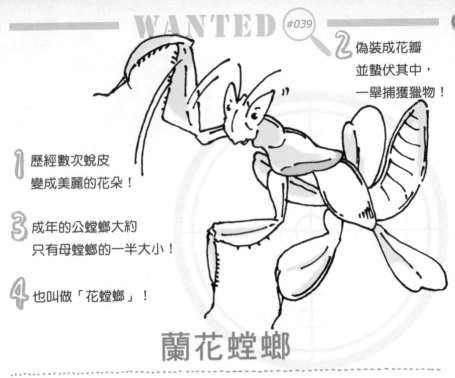

2 偽裝成花瓣
並蟄伏其中，
一舉捕獲獵物！

1 歷經數次蛻皮
變成美麗的花朵！

3 成年的公螳螂大約
只有母螳螂的一半大小！

4 也叫做「花螳螂」！

蘭花螳螂

擬態對象　花　　擬態等級　★★★★★

利用花的模樣襲擊獵物，美艷的掠食者

從幼蟲時期開始就有著花一般的風貌，歷經數次蛻皮後，中腳及後腳的第一節部分就會慢慢膨大，漸漸地轉變成蘭花花瓣的樣子。而且體色也會逐漸轉為混雜著淡粉色的白色，變成小花般的外貌。蘭花螳螂這名字和本人相當匹配呢。

擬態成花瓣等待獵物上門的蘭花螳螂，在幼蟲時期是以蜂類為狩獵對象，成蟲則主要以蝴蝶為目標下手。捕獲成功率是幼蟲比較高，聽說高達九

成呢。千萬不能小看小孩的力量唷！

成年母螳螂的體長約有70 mm，相對於此，公螳螂只有其一半左右的大小，這也是一個特徵。

資料

● 動物名：蘭花螳螂

● 學名：Hymenopus coronatus

● 分類：昆蟲綱螳螂目花螳科

● 全長：35 ～ 80 mm

● 體色：白色、淡桃色等

● 分布地：馬來西亞等東南亞的熱帶雨林

● 棲息地：熱帶的蘭科花卉

幼蟲

擬態中

有人說，即使我們是站在花瓣上，還是難以發現呢

只要埋伏在花瓣裡，獵物就是我的甕中鱉啦

成蟲

擬態中

Before
擬態前

本大爺擁有
毒牙這個武器，
所以誰都不敢輕易靠近

靠太近的話
就把你絞殺喔。
給我小心一點啊

特徵／特技

1 把身體藏在沙地裡
等待獵物上門！

2 也可以只將眼睛露出
沙地上靜待時機！

3 舞弄尾巴假裝是餌食
來引誘獵物！

4 是凶暴的肉食性動物，
狂吃各種小型動物！

資料

● 動物名：侏嚇蝰（侏膨蝰）
● 學名：Bitis peringueyi
● 分類：爬蟲綱有鱗目蝮蛇（蝰蛇）科
● 全長：200～320 mm
● 體色：帶灰的淡茶色
● 分布地：安哥拉南部、納米比亞等
● 棲息地：沙漠、乾草原等

After
擬態後

侏嚇蝰

擬態對象 沙地　擬態等級 ★★★★☆

頂著一顆大頭的沙漠獵人

侏嚇蝰生活在非洲的沙漠及乾草原，是一種帶灰的茶色毒蛇。雖然體型偏小，頭卻非常大，最喜歡吃兩棲類、爬蟲類、鳥類、哺乳類等。

狩獵的時候，會埋藏在沙地中靜待獵物上門。由於眼睛所在的位置和一般蛇類相比較高，所以能夠只將眼睛露出沙地上，窺伺周遭的狀況。牠們還有一招是舞弄尾巴假裝是餌食，藉此引誘獵物靠近自己。

88

第 5 章 偽裝成水中的景色 ≋

- ☐ 短蛸
- ☐ 安波托蝦
- ☐ 扁異蟹
- ☐ 白斑躄魚
- ☐ 紅擬鮋
- ☐ 玫瑰毒鮋
- ☐ 帶斑鰤杜父魚
- ☐ 鋸吻剃刀魚
- ☐ 白斑烏賊
- ☐ 斑馬蟹
- ☐ 穗躄魚

- ☐ 細吻剃刀魚
- ☐ 小林氏岩蝦
- ☐ 裸躄魚
- ☐ 真蛸
- ☐ 巴氏豆丁海馬
- ☐ 鞭角蝦
- ☐ 鈍額曲毛蟹
- ☐ 蒙鮃
- ☐ 葉形海龍
- ☐ 喇叭毒棘海膽

特徵／特技

1 配合周遭的環境瞬間改變體色！

2 白天老老實實地生活，入夜之後開始變活潑！

3 特徵是頭足相連處有眼珠般的紋樣！

4 有個習性是會對白色物體有所反應！

Before
擬態前

一方面也得避免
被人類給釣起來

資料

- 動物名：短蛸（短爪章魚）
- 學名：Amphioctopus fangsiao
- 分類：頭足綱章魚目章魚科
- 全長：250 ～ 300 mm
- 體色：因應周遭環境變化
- 分布地：北海道南部以南的沿岸海域
- 棲息地：水深至 10m 的沙泥底

就讓你見識見識
融入景色中的特技

短蛸

擬態對象　沙地及岩石　擬態等級　★★★★

After
擬態後

利用明暗度差異來判斷是敵是友

不只有短蛸而已，所有章魚類動物都能迅速地改變體色。是為了保護自己不被鯊、魟、鱘（鰻）等天敵襲擊。雖然章魚的眼睛非常好，但牠們無法區分色彩，而是利用明暗度的差異來判斷對方是敵是友。或許是因為這樣，一看到白色物體（較明亮的物體）就認為那是好吃的貝類，反應變得相當敏銳，這是牠們的習性之一唷。

日文漢字寫作「飯蛸」。由來是源於短蛸會產下米粒大的半透明卵。

WANTED #042

Before
擬態前
有時也會獨自行動，不依賴海葵唷

特徵／特技

1. 仰賴大型海葵的保衛！
2. 會做出有如鯱的姿勢，威嚇對方！
3. 有時也會遠離海葵！
4. 英文俗名叫做「sexy shrimp」！

After
擬態後
有觸手的尖刺護體，就算敵人來襲也很安心

資料

- 動物名：安波托蝦
- 學名：Thor amboinensis
- 分類：軟甲綱十足目藻蝦科
- 全長：20～25 ㎜
- 體色：深褐色
- 分布地：房總半島以南的暖流影響較強的海域
- 棲息地：淺海的珊瑚礁等

安波托蝦

擬態對象　與海葵共生　　擬態等級　★★★★☆

背部後彎的動作是一大魅力特色

這種蝦類會藉著與海葵共生來保護自己不被敵人襲擊，不過在會採取相同行為的同類當中，其實與海葵互不來往的時候還相對較多。有敵人靠近時，安波托蝦會做出有如鯱*的姿勢並將尾巴搖來搖去，採取獨特的威嚇架式。

由於後彎的背部看起來十分妖嬈，所以水族館的相關人員或者潛水的人們之間偶也會用「sexy shrimp」來稱呼牠們。算是蝦界的模特兒吧！

*一種形似鴟吻的海獸，在日本用於裝飾建築物。

1 與扇珊瑚一起生活！

2 顏色、凹凸起伏等特色都和扇珊瑚極為相似！

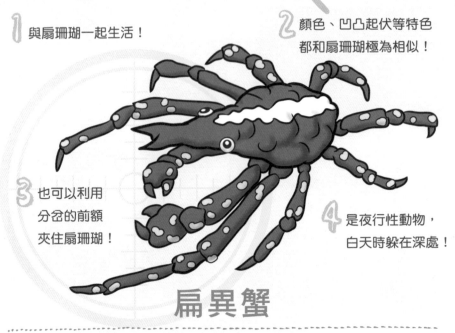

3 也可以利用分岔的前額夾住扇珊瑚！

4 是夜行性動物，白天時躲在深處！

扁異蟹

擬態對象 珊瑚　　擬態等級 ★★★★★

身體形狀和家的外形幾乎如出一轍

扇珊瑚是一種延展成扇狀的樹枝狀珊瑚，而有一種螃蟹是過著以這種珊瑚為家（宿主）的生活。那就是扁異蟹。而且，牠們不光是住在裡頭而已，連外表也與扇珊瑚如出一轍。不論是體色還是表面的凹凸起伏，每個部分都和扇珊瑚極為相似。所以說，當扁異蟹靜止不動時，根本不曉得有東西待在那裡。要想發現牠們，可說是相當費力的一件事。

就全世界來看，扁異蟹是以鮮豔的紅色個體居多，但是住在宿霧島周邊的同類當中，也有黃色、橘色等別種類型存在。額頭前端分岔成兩邊，有時也會利用這個部位夾住扇珊瑚唷。

資料

- ●動物名：扁異蟹
- ●學名：Xenocarcinus depressus
- ●分類：軟甲綱十足目蜘蛛蟹科
- ●全長：10～20 mm
- ●體色：鮮豔的紅色～橙色
- ●分布地：相模灣以南的太平洋岸等
- ●棲息地：扇珊瑚等柳珊瑚目動物上

1　躲在凹凸不平的多岩地區一動也不動！

2　頭上有個器官可以引誘魚兒靠近！

3　身上黏著藤壺等物，以假亂真的效果倍增！

4　有黃有紅，因個體差異而色彩多樣！

白斑躄魚

擬態對象　岩石　　擬態等級　★☆☆☆☆

住在珊瑚礁區，是潛水人的偶像

白斑躄魚是一種鮟鱇魚，棲息在珊瑚礁區及凹凸不平的岩塊遍布的海底。平常就躲在陰暗處靜止不動。假扮成岩石，等待魚群等餌食靠近自己。

而且牠們並不只是守株待兔，還能夠使用長在頭上的器官「餌球（esca）」來吸引獵物靠近自己。真是聰明啊！

體色有紅、黃、偏茶色等等，變化相當豐富，若再使出讓藤壺等生物附著到身上的技術，那以假亂真的效果又更上一層樓。

白斑躄魚是一種鮟鱇魚了。

身為色彩繽紛的醜怪生物，在潛水人的圈內也很受歡迎。

資料

● 動物名：白斑躄魚

● 學名：Antennarius pictus

● 分類：條鰭魚綱鮟鱇目躄魚科

● 全長：150～200 mm

● 體色：暗藍色、黑色、黃綠色、橙色等

● 分布地：伊豆半島以南

● 棲息地：向著外海的珊瑚礁區及岩礁區

1 幾乎不會動，完全化身為岩石！

2 能夠配合環境改變體色！

3 背鰭及腹鰭上有毒棘！

4 「宇流麻」在沖繩方言有「珊瑚島」之意！

紅擬鮋

擬態對象　岩石　　擬態等級　★★★☆☆

高攻擊力的南海狩獵職人

有著與岩石相仿的樣貌，而且還可以配合周遭環境改變體色。再加上牠們待在岩石上或海底時基本上一動也不動。有了這些條件，就算眼睛再怎麼尖都會將紅擬鮋錯認成岩石或珊瑚吧！

所以小魚、甲殼類這些餌食，很容易因為一時疏忽就貿然靠近。紅擬鮋是絕對不會放過這個機會的。待最佳時機到來，牠們便靈活地動起來，大口吞下獵物！

日文名字「宇流麻鮋（ウルマカサゴ）」當中的「宇流麻」，在沖繩方言是「珊瑚之島」的意思。雖然在人們口中嚐起來很美味，但是紅擬鮋的背鰭與腹鰭上有毒棘，所以在料理方面必須小心謹慎。

資料
- 動物名：紅擬鮋
- 學名：Scorpaenopsis papuensis
- 分類：條鰭魚綱鮋形目鮋科
- 全長：220～300 mm
- 體色：帶紅的灰色等
- 分布地：伊豆群島、和歌山縣、鹿兒島縣、沖繩縣等
- 棲息地：沿岸海域的岩礁／珊瑚礁等

特徵／特技

1. 巧妙地利用身體的凹凸起伏，潛藏在沙地裡！

2. 是個大胃王，會將魚、甲殼類等一口吞下！

3. 視覺衝擊力十足的小眼睛與下垂的嘴角！

4. 如果踩到背鰭上的棘刺，連人類也會有生命危險！

Before 擬態前

亂摸我的話
很危險哦～

變身成岩石時只要安靜地等獵物上門就好

After 擬態後

資料

● 動物名：玫瑰毒魽
● 學名：Synanceia verrucosa
● 分類：條鰭魚綱魽形目魽科
● 全長：300 ～ 400 mm
● 體色：灰色、黃色、紅色、黑褐色等
● 分布地：小笠原群島、奄美大島等
● 棲息地：珊瑚礁區及岩礁區的沙地

玫瑰毒魽

擬態對象　岩石　　擬態等級　★★★☆☆

帶有劇毒的海底之鬼

光看那凹凸不平的身體表面就已經很像岩石了，而牠們又充分利用這一點，十分擅長把自己融入沙地及多岩地區。這正是玫瑰毒魽的賣點唷！偽裝成岩石的同時，屏息等待小魚、甲殼類等餌食上門，在距離夠近的時候以迅雷不及掩耳之勢大口吞下肚。

身為劇毒生物這件事也十分有名，背鰭上帶有的猛毒厲害到甚至可以害死人類。太恐怖了！潛入海中的時候一定要多加注意。

98

特徵／特技

1. 變身成岩石，靜待獵物的到來！

2. 遍布身體的褐色橫帶是名字的由來！

3. 不善游泳，所以不太活動！

4. 對人類而言超級難吃！

Before
擬態前

如果我的泳技再厲害一些，就能前往更遠遠的地方啊

也罷，即使文風不動，我依舊可以三餐溫飽就是了

After
擬態後

資料

- ● 動物名：帶斑鰤杜父魚
- ● 學名：Pseudoblennius zonostigma
- ● 分類：條鰭魚綱鮋形目杜父魚科
- ● 全長：100～150 mm
- ● 體色：帶紅的白色，再加上黑色斑點花紋
- ● 分布地：本州以南
- ● 棲息地：沿岸的岩礁區及礁斜面等

帶斑鰤杜父魚

擬態對象　岩石　　擬態等級　★★☆☆☆

第5章　偽裝成水中的景色

為了捕獲餌食唯專心等待

帶斑鰤杜父魚是一種名為杜父魚的魚，且隸屬於杜父魚科，因為身上帶有褐色的橫紋，因而如此命名。經常待在多岩地區及海底假扮成岩石靜止不動，一有大意接近的獵物就會被牠們吃掉，喜食沙棲新對蝦、糠蝦類等維生。由於帶斑鰤杜父魚不善游泳，所以行動範圍不甚寬廣。

處理魚身後，可以見到艷藍色的魚肉。聽說那非常難吃，請各位好孩子千萬不要去試吃哦。

99

1 以倒立狀態游泳，好似在水中漂蕩！

2 立著細長無比的身體，裝作自己是海藻的一員！

4 用細長的吻部吸食小型甲殼類！

3 體色有紅色、透明等，變化豐富！

鋸吻剃刀魚

擬態對象　海藻　　擬態等級　★☆★★★

利用游泳方式提高擬態度的策略家

不論是頭部還是身體都很修長，而且呈扁平狀。這正是鋸吻剃刀魚的特徵，牠們會巧妙地利用這種體型來偽裝成海藻喲。而最令人佩服的一點，就是牠們將身體轉成倒立狀態游泳，猶如隨波逐流般在水中漂來漂去。

與海藻並列在一起時，還真不曉得到底誰才是本尊呢。色彩變化也很豐富，像是紅色、透明、綠色、茶色、黃色等等，有許多類型存在。

平常是以捕食小型甲殼類維生，會用嘴巴吸入獵物，且雌魚身上有袋狀器官可用於保護受精卵。也因為那擬態成海藻的功夫相當厲害，在潛水人、魚類愛好者的圈內很受歡迎。是種粉絲眾多的魚。

資料

- 動物名：鋸吻剃刀魚（藍鰭剃刀魚）
- 學名：Solenostomus cyanopterus
- 分類：條鰭魚綱刺魚目剃刀魚科
- 全長：50 ～ 170 mm
- 體色：配合周遭環境變化
- 分布地：千葉縣以南的太平洋岸等
- 棲息地：珊瑚礁區及岩礁區

特徵／特技

1. 迅速改變體色及外形！

2. 擬態的作用有兩種——威嚇與伏擊！

3. 在烏賊類當中是世界最大級！

4. 泳技一般般，喜歡穩定的海域！

擬態中

擬態中

身處在白色沙地時會整個變白

就算遇到這種複雜的背景也能輕鬆變身喔

資料

● 動物名：白斑烏賊（寬腕烏賊）

● 學名：Sepia latimanus

● 分類：頭足綱烏賊目烏賊科

● 全長：200 ～ 600 mm

● 體色：配合周遭環境變化

● 分布地：屋久島、奄美群島、琉球群島等九州以南

● 棲息地：熱帶的珊瑚礁區

白斑烏賊

擬態對象　周遭的風景　　擬態等級　★★★☆☆

任意變色的功夫
連變色龍也五體投地

能夠配合周遭的背景任意改變體色及外形的擬態天才。就連身為「冠軍」的變色龍見了也會甘拜下風吧。擬態有時是為了威嚇對方，有時是為了隱藏身形避免被敵人發現，兩種情況都有可能。牠們待在穩定的海域，以吃魚、甲殼類等維生唷。

白斑烏賊是一種大型烏賊，較為巨大的個體其體重會超過10公斤，有時雄性之間還會展開激烈的爭鬥。製成生魚片、天婦羅等料理嚐起來都很美味。

特徵／特技

1 正如其名，身上布滿條紋！

2 具有寄生在海膽身上過活的習性！

3 吃掉海膽的刺，以禿掉的部分為床！

4 一旦進入繁殖期，雄蟹的搬遷就會增加！

第5章 ≋ 偽裝成水中的景色

Before 擬態前

就像穿著迷彩哪一樣，很帥吧？

海膽兄，每次都承蒙你出手相救～

After 擬態後

資料

- 動物名：斑馬蟹
- 學名：Zebrida adamsii
- 分類：軟甲綱十足目光菱蟹科
- 全長：15～30 mm
- 體色：白色，以及焦茶色、深紫色的條紋
- 分布地：伊豆半島以南
- 棲息地：珊瑚礁及岩礁上的大～中型海膽上

斑馬蟹

擬態對象　寄生在海膽身上擬態

擬態等級　★★☆☆☆

不論何時何地都與海膽融為一體

正如其名當中的「斑馬」二字，這種螃蟹的身體上有許多條紋。生活據點是海膽殼上。斑馬蟹會以固定的幅度從上到下精準割取海膽的刺並食用，光禿禿而扁平的地方就作為自己的溫床。而且會長時間黏在海膽身上過活。

進入繁殖期後，希望配對的雄蟹便會頻繁地更換寄生的海膽唷。提供住處的海膽也很辛苦呢。

1 利用全身上下長出的突起變身成海藻！

2 隱匿身形的同時，等待獵物靠近！

3 不擅長游泳，所以用走的來移動！

4 只在澳洲周邊海域才有的特有種！

穗躄魚

擬態對象　海藻　　擬態等級　★★★☆☆

被茂密叢生的細絲包覆全身的變裝高手

只有在澳洲周邊海域才能見到的特有種，包覆全身的濃密絲狀突起是牠們的招牌特色。這些構造讓穗躄魚看起來就像海藻，可以防止敵人靠近，又或是反過來利用這點，讓獵物在毫無警覺的情況下來到自己身邊。

穗躄魚是躄魚科動物，雖然是貨真價實的魚類，實際上卻並不擅長游泳。所以便靈活運用起胸鰭，改以在海底行走的方式來移動唷。

只有在澳洲周邊海域　食，身體大小大概在200mm上下。聽說雌魚才能見到的特有種，包覆一次產下的卵就多達5000顆，且會產在多岩地區。

以小魚、甲殼類為主

資料

- 動物名：穗躄魚
- 學名：Rhycherus filamentosus
- 分類：條鰭魚綱鮟鱇目躄魚科
- 全長：200～250 mm
- 體色：淡茶褐色等
- 分布地：太平洋西南部（澳洲特有種）
- 棲息地：珊瑚礁區及岩礁區

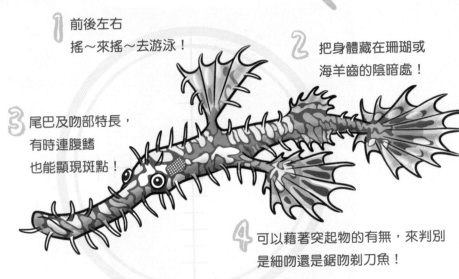

1 前後左右
搖～來搖～去游泳！

2 把身體藏在珊瑚或
海羊齒的陰暗處！

3 尾巴及吻部特長，
有時連腹鰭
也能顯現斑點！

4 可以藉著突起物的有無，來判別
是細吻還是鋸吻剃刀魚！

細吻剃刀魚

擬態對象 珊瑚類及海羊齒類　　擬態等級 ★★★★★

自由掌控體色，鋸吻剃刀魚的親戚

就分類上來看，關係和100頁介紹過的鋸吻剃刀魚十分相近，體型也很像。可以藉著身體表面是否有長出突起物來判別這兩種動物，尖尖刺刺的便是細吻剃刀魚。此外，牠們也住在比鋸吻剃刀魚所居的地方還要深的海裡，這也是一個相異之處呢。

細吻剃刀魚大多是成雙成對行動，較大的是雌魚，小隻的則是雄魚。牠們巧妙地變換體色，隱身於珊瑚及海羊齒裡生活。

就分類上來看，關係因為那隨興搖曳游泳的身姿，而被賦予了「錦風來」（ニシキフウライウオ）這個日文名字。修長的吻部及尾巴也很有特色，還有腹鰭上帶有斑點的個體存在唷。

資料

● 動物名：細吻剃刀魚
● 學名：Solenostomus paradoxus
● 分類：條鰭魚綱刺魚目剃刀魚科
● 全長：60～150 mm
● 體色：配合周遭環境變化
● 分布地：千葉縣以南的太平洋岸等
● 棲息地：珊瑚礁區及岩礁區

1 仰賴海葵的庇護！

2 作為回報，
負責保養海葵的觸手！

3 有時也會
待在柳珊瑚類上！

4 頭部後方的
圓弧狀白線為其特徵！

小林氏岩蝦

擬態對象　與海葵共生　　擬態等級　★★★☆☆

互惠互利抵禦外敵

小林氏岩蝦是日本的「センアカホシカクレエビ」這樣一個日文名字。位於第三腹節的背部線條粗大且隆起也是一個特徵唷。

小林氏岩蝦是日本的特有種，居住在日本周邊的溫暖海域，屬於美麗而通透的身體令人印象深刻的長臂蝦科動物。有時也會待在柳珊瑚類上，但基本上平常是與武裝杜氏海葵一起生活。受惠於海葵本身帶有的毒刺的庇護之下。作為回報，牠們幫海葵清潔身體來報恩。也就是雙方有所謂「互惠互利」的關係。

在頭後方的部分繞著一圈白色細線，因而博得「白線赤星隱海老（ハク

資料

- 動物名：小林氏岩蝦
- 學名：Periclimenes kobayashii
- 分類：軟甲綱十足目長臂蝦科
- 全長：20～30 mm
- 體色：半透明
- 分布地：日本的暖溫帶區域
- 棲息地：水深20～60m的海中

特徵／特技

1. 附著在漂流的藻類等物上，物色獵物！

2. 能夠因應背景自由改變顏色！

3. 利用吻部上方長出的擬餌來引誘獵物靠近！

4. 就連尺寸和自己差不多大的魚也能一口吞下！

Before
擬態前

待在這裡好像會稍微露出馬腳耶

這邊的話就很放心。之後只要等獵物上門就行了

After
擬態後

資料

● 動物名：裸躄魚

● 學名：Histrio histrio

● 分類：條鰭魚綱鮟鱇目躄魚科

● 全長：150～200 mm

● 體色：淡黃色，但體色會變化

● 分布地：北海道南部以南

● 棲息地：離沿岸稍遠的洋面的漂流藻等

裸躄魚

擬態對象　和漂流藻同化　　擬態等級　★★☆☆☆

一邊漂蕩一邊狩獵的流浪者

雖然日文名字「花虎魚（ハナオコゼ）」當中有虎魚＊二字，但牠們並非和尋常的鮋形目魚類一樣棘刺帶毒。其實裸躄魚是鮟鱇魚的一種，本身沒有鱗片。

牠們能夠自由改變體色，會附著在漂蕩於海中的藻類上並與之同化。而且，還會利用吻部上方的擬餌來吸引獵物靠近，再算準時機一口吞下。由於那雙嘴可以在瞬間張大，所以就算對方是尺寸和自己差不多大的獵物也能大口吞下。躍動感滿分呢。

＊日文當中的虎魚（オコゼ）泛指有毒棘的鮋形目魚類。

特徵／特技

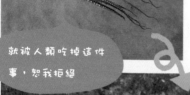

Before
擬態前

就被人類吃掉這件事，恕我拒絕

1 隨心所欲讓皮膚變色、身體變形！

2 從漏斗噴出體內的水來進行快速移動！

3 用毒讓獵物麻痺後大快朵頤！

4 一旦察覺到危險就噴出墨汁對抗天敵！

第 5 章　偽裝成水中的景色

沒有我在海裡不能擬態的事物！

After
擬態後

資料

- 動物名：真蛸（正章魚）
- 學名：Octopus vulgaris
- 分類：頭足綱章魚目章魚科
- 全長：600〜1000 mm
- 體色：因應周遭環境變化
- 分布地：靠太平洋是三陸以南，靠日本海則是北陸以南至九州附近
- 棲息地：向著外海的淺灘裡的岩礁等

真蛸

擬態對象　沙地及岩石　　擬態等級　★★★☆☆

作為食材很有名，但其實是擬態生物

真蛸就是我們平常在吃的章魚，因其美味而出名，但實際上牠們同時也是一種天才型擬態生物。

可以藉著調整皮膚裡的色素細胞，在數秒內配合周遭環境改變體色。甚至還能夠進一步將皮膚變化成有凹凸起伏的狀態，在彈指之間偽裝成沙地或岩石。

除此之外，還會許多精彩的特技，像是快速移動、使毒、噴吐墨汁等等。厲害到幾乎無所不能的真蛸，想必是無所畏懼吧！

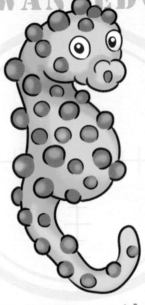

1 融入扇珊瑚等珊瑚當中生活！

2 體色及疣等特色都和宿主極為相似，完全同化了！

3 是一種海馬，分類上隸屬魚類！

4 小到不行，全長甚至不到 20 mm！

巴氏豆丁海馬

擬態對象　扇珊瑚等　　擬態等級　★★★★★

緊緊黏在宿主身上度過一生

雖然從外表一點也看不出哪裡像魚，但就分類上來說是貨真價實的魚喲。

類，在海馬當中是世界上最小的尺寸。竟然只有 10～20 mm 呢！緊挨著棘柳珊瑚、扇珊瑚這類珊瑚生活，擅長模仿顏色及突起喲。因為很小，所以要找到牠們難如登天呢。

會有數對巴氏豆丁海馬寄居在同一個宿主身上過活，平常會用小小的嘴巴吸食魚卵、小型動物性浮游生物等等。同伴之間相得甚歡。

要更換住宅時，也可以配合宿主去改變顏色

資料
- 動物名：巴氏豆丁海馬
- 學名：Hippocampus bargibanti
- 分類：條鰭魚綱刺魚目海龍科
- 全長：10～20 mm
- 體色：因應周遭環境變化
- 分布地：小笠原群島、高知縣以南的岩礁區及珊瑚礁區
- 棲息地：柳珊瑚類的枝上

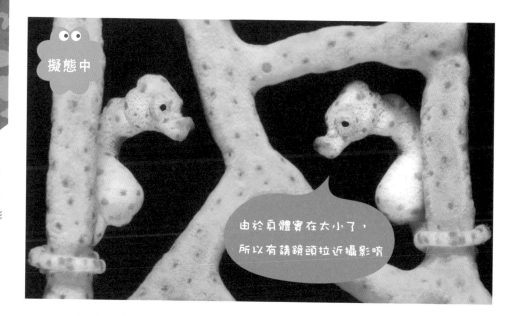

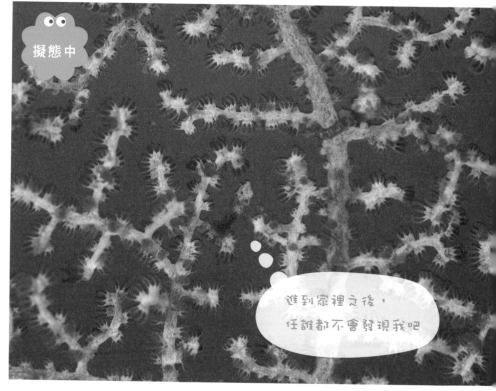

1 以線形鞭角珊瑚為家！

2 基本上是黃色系，但會配合宿主改變體色！

3 在日本的稀有度算低，但就全世界來看是超稀有種！

4 會從小隻的雄蝦變性成大隻的雌蝦！

鞭角蝦

擬態對象 線形鞭角珊瑚等　　擬態等級 ★★★★★

連潛水人都找不到的神級擬態

鞭角蝦是種會躲在線形鞭角珊瑚（Cirripathes anguina）這類細長狀珊瑚上生活的小型蝦子，會巧妙地利用身體的凹凸起伏偽裝成和宿主相同的模樣。在一般情況下，身體呈現黃綠色、棘刺和腳是黃色，但是牠們具有能將體色變成與住家同色的能力。那模仿技術根本是神一般的等級，高明到就算潛水人拚命尋找也難以發現呢！

雖然鞭角蝦在日本並不算稀有，但就全世界來看的話，聽說是相當珍貴的種類唷。總覺得是件會讓日本人感到驕傲的事。

此外，牠們還具有一個特性——生下來雖為雄性，卻能在中途變化成雌性。很不可思議吧。

資料

● 動物名：鞭角蝦
● 學名：Miropandalus hardingi
● 分類：軟甲綱十足目長額蝦科
● 全長：10～30 mm
● 體色：黃綠色，但會因應周遭環境變化
● 分布地：房總半島以南
● 棲息地：棲息在岩礁區的線形鞭角珊瑚類上

特徵／特技

1 把海藻、海綿裝在身上，融入風景當中！

2 脫完殼後，有時也會回收海綿等物再利用！

3 場所變動時，也會改變與之相應的裝飾物！

4 英文名字叫做「decorator crab（裝飾螃蟹）」！

Before
擬態前

剛脫完殼的時候，外表一副簡潔乾淨的模樣

一定要帶些雜七雜八的東西在身上，我心裡才會痛快呀

After
擬態後

資料

- 動物名：鈍額曲毛蟹
- 學名：Camposcia retusa Latreille
- 分類：軟甲綱十足目蜘蛛蟹科
- 全長：30～50 mm
- 體色：淡茶褐色
- 分布地：房總半島以南
- 棲息地：水深較淺的岩礁區

鈍額曲毛蟹

擬態對象　海藻　　擬態等級　★★☆☆☆

駝著碎藻的裝飾專家

日文名字「藻屑背負」，雖然聽來有些古怪，卻是其來有自唷。這種螃蟹具有一種習性，那就是會將海藻、海綿等物裝設在呈鉤狀彎曲的背毛上，融入水中景色來隱匿身形。因為「背負（しょい）」著「藻屑（もくず）」生活，所以叫「藻屑背負（モクズショイ）」。就是這樣來的。

鈍額曲毛蟹是名副其實的裝飾達人，即使場所改變了、脫殼了，仍然一如既往地要把一些東西放到背上，相當講究唷！牠們最喜歡打扮了。

特徵／特技

Before 擬態前

平常可以看到那獨特的花紋唷

After 擬態後

1 通常在有眼睛的那一側有環狀花紋！

2 進入擬態模式後，就會改變體色藏在沙地！

3 不論晝夜都會活動，但還是以夜間狩獵為主！

4 體長 400 mm，在鮃科當中是最大級！

改變體色、潛入沙地後，一切盡在掌握之中啦

資料

● 動物名：蒙鮃
● 學名：Bothus mancus
● 分類：條鰭魚綱鰈形目鮃科
● 全長：300 ～ 450 mm
● 體色：茶褐色，但會因應周遭環境變化
● 分布地：和歌山縣以南
● 棲息地：珊瑚礁區的岩礁處及沙底

蒙鮃

擬態對象　海底的沙地　　擬態等級　★★★☆☆

第 5 章 〜〜 偽裝成水中的景色

管他什麼沙色
都能巧妙融合

　鮃、鰈這類比目魚最擅長活用那扁平的身體潛入海底的沙地裡。入夜以後，就留在原地靜待小魚、甲殼類等餌食上門。

　由於蒙鮃會改變體色與周遭同化，所以光匆匆一瞥是絕對不會曉得牠們躲在那裡的。

　在長著眼睛的那一側身體上，帶有宛若不倒翁（達磨）身形般的圓形花紋，所以蒙鮃的日文名字被取做「紋達磨鰈（モンダルマガレイ）」。在同類當中，牠們以最巨大的體型自恃唷。

1 利用全身上下的突起偽裝成海藻！

2 欺騙敵人眼睛的同時還能伏擊餌食！

3 最喜歡清澈的水域和陽光照不到的地方！

4 被國際自然保護聯盟列為近危物種！

葉形海龍

擬態對象　褐藻類　　擬態等級　★☆★★★

在乾淨的海域扮演海藻，悠閒自在地生活

全身的皮膚布滿了分枝狀的突起，而這些突起像極了褐色的海藻類，讓葉形海龍得以完美融入景色當中唷。除了保護自己不被敵人襲擊之外，也是為了伏擊餌食所做的偽裝。體色有黃褐色、褐色、綠色等，能夠因應棲息環境及餌食種類等條件加以變化唷。

牠們喜愛清澈的水域，習慣成對或是單獨行動。活動緩慢，幾乎不太游泳。一邊悠閒自在地游泳。一邊假扮成海藻，一邊悠閒自在地過日子。

如今在國際自然保護聯盟的紅色名錄上被列為近危物種……真希望牠們能夠延續下去啊！

資料

● 動物名：葉形海龍（枝葉海馬）
● 學名：Phycodurus eques
● 分類：條鰭魚綱刺魚目海龍科
● 全長：200～400 mm
● 體色：黃褐色、褐色、綠色等
● 分布地：澳洲西南部沿岸
● 棲息地：淺海的海藻林及岩礁、珊瑚礁等

特徵／特技

1. 整個身體都是喇叭形狀的棘刺！

2. 將貝殼等物放到自己身上，和景色相融！

3. 棘刺有毒，觸摸的話很危險！

4. 在沖繩縣被指定為海洋危險生物！

Before
擬態前

我有毒喔，你們最好不要隨便靠近～

貝殼、珊瑚碎料、海藻。啥都可以放身上

After
擬態後

資料

● 動物名：喇叭毒棘海膽
● 學名：Toxopneustes pileolus
● 分類：海膽綱海膽目毒棘海膽科
● 全長：100～120 mm
● 體色：淡綠褐色、橙色等，顏色多樣
● 分布地：房總半島以南
● 棲息地：淺岩礁地帶等

喇叭毒棘海膽

擬態對象　海底的景色　　擬態等級　★★☆☆☆

收集海底的垃圾偽裝自己

因為喇叭形狀的棘刺遍布全身，所以叫做「喇叭毒棘海膽」。住在相對溫暖的海域，是一種嚐起來很美味的海膽。

但是牠們的棘刺有毒，所以在處理食材方面必須多加注意。粗心大意碰到的話，可是會麻痺的唷！聽說也曾經發生過潛水人因誤觸而溺斃身亡的慘案，十分駭人聽聞。

生活場所在海底的多岩地區上層。牠們會把珊瑚碎片、貝殼這類「海底垃圾」放身上，藉以融入景色當中來隱匿身形唷。

第6章 偽裝成強大的生物

- ☐ 日本蟻蛛
- ☐ 點紋斑竹鯊的幼魚
- ☐ 彎鰭燕魚的幼魚
- ☐ 本氏蝴蝶魚
- ☐ 大透翅天蛾
- ☐ 海膽姥姥魚
- ☐ 竹節花蛇鰻
- ☐ 珍珠麗七夕魚
- ☐ 鋸尾副革單棘魨
- ☐ 蒙古白肩天蛾的幼蟲
- ☐ 玉條虎天牛
- ☐ 皇蛾

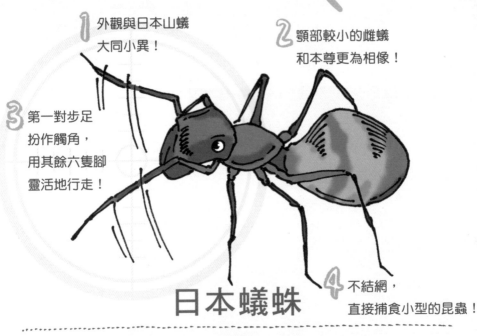

1 外觀與日本山蟻大同小異！

2 顎部較小的雌蟻和本尊更為相像！

3 第一對步足扮作觸角，用其餘六隻腳靈活地行走！

4 不結網，直接捕食小型的昆蟲！

日本蟻蛛

擬態對象　螞蟻　　擬態等級 ★★★★★★

完美複製螞蟻的樣貌及動作的謀士

有蟻又有蛛，那到底是螞蟻還是蜘蛛啊？雖然名字讓人忍不住想吐槽一下，但正確答案是蜘蛛唷！日本蟻蛛會偽裝成日本山蟻這種螞蟻，藉此保護自己不受外敵攻擊。蟻是蜂的近親，是肉食性強的昆蟲。所以與其用蜘蛛的外貌，還不如模仿螞蟻來得安全呢。

隨著逐漸成長，雄蟻的上顎會發達變大，和螞蟻之間的差別日漸明顯，反觀不具大顎的雌蟻才與本尊更為相像。而且，日

本蟻蛛並不會使用原本的八隻腳，而是把第一對步足假扮成觸角，像螞蟻一樣用六隻腳走路。真的是很厲害的變裝呢。

資料

- ● 動物名：日本蟻蛛
- ● 學名：Myrmarachne japonica
- ● 分類：蛛形綱蜘蛛目蠅虎科
- ● 全長：5～10 mm
- ● 體色：黑褐色、茶褐色
- ● 分布地：北海道、本州、四國、九州、南西諸島
- ● 棲息地：平地至山地的樹林及綠地

1 幼魚時期會變裝成毒性很強的海蛇！

2 幼魚身上的黑色橫紋隨著成長會轉為灰褐色！

3 是夜行性動物，白天待在珊瑚的縫隙間休息！

4 個性溫和，不會對人類造成危害！

點紋斑竹鯊的幼魚

擬態對象　有毒的海蛇　　擬態等級　★☆☆☆☆

冒用劇毒生物的身分
防止被捕食

模仿有毒生物的外貌來防止被天敵捕食，擬態用胸鰭匍匐游泳的身姿，就像是狗一邊走動一邊嗅聞地面的氣味一邊走動的模樣，所以別名叫做「點紋狗鯊」。

生物的代表選手！據說海蛇劇烈的毒性堪比眼鏡蛇，而幼鯊身上十條左右的黑色橫紋讓牠們的外貌像極了海蛇，發揮了退敵之唯恐不及呢。這些橫紋的效果，敵人見狀個個避會逐漸變淡，長大成魚後就會轉變成灰褐色。

牠們是個性溫順的夜行性鯊魚，不會襲擊人類。身體最大也只有1450㎜，在鯊魚當中屬於體型偏小的種類。使

資料

- ● 動物名：點紋斑竹鯊的幼魚
- ● 學名：Chiloscyllium punctatum
- ● 分類：軟骨魚綱鬚鯊目長尾鬚鯊科
- ● 全長：1300〜1450㎜（幼魚）
- ● 體色：灰褐色，再加上黑褐色的橫紋
- ● 分布地：和歌山縣以南的太平洋岸、九州等
- ● 棲息地：淺珊瑚礁區等

本尊　海蛇

我的毒性足以和
眼鏡蛇匹敵，你想怎樣？

擬態生物　點紋斑竹鯊的幼魚

其實我根本
一點也不毒啦

特徵／特技

1 假扮成多歧腸目類度過幼魚時期！

2 搖曳的動作演繹出多歧腸目類游泳的感覺！

3 幼魚和成魚的形狀似是而非！

4 有著紅色鑲邊，所以日文名字叫「赤括」！

資料

- 動物名：彎鰭燕魚（圓翅燕魚）的幼魚
- 學名：Platax pinnatus
- 分類：條鰭魚綱鱸形目白鯧科
- 全長：30～150 mm
- 體色：黑底，再加上鮮豔的橙色外緣
- 分布地：奄美大島以南
- 棲息地：珊瑚礁區

> 外緣的顏色不一樣，不知道行不行……

多歧腸目類 **本尊**

擬態生物

有些同伴還具有河魨毒素哦

彎鰭燕魚的幼魚

擬態對象 有毒的多歧腸目類　**擬態等級** ★★★☆☆

利用身體外緣冒充毒蟲

擅長擬態成多歧腸目類的動物正是彎鰭燕魚的幼魚。多歧腸目類具有毒性，在同類當中，有一些種類甚至還帶有與河魨相同的劇毒——河魨毒素（tetrodotoxin）。由於幼魚的樣貌與多歧腸目類相仿，所以根本沒有人敢貿然接近牠們呢。而且連游泳的方式也學得有模有樣，眾口稱善。

因為幼魚的身體「鑲（括）有鮮豔的紅邊」，所以日文名字叫做「赤括（アカククリ）」。若把成魚做成生魚片來吃會很美味喔。

第
6
章

偽裝成強大的生物

本氏蝴蝶魚

擬態對象　大眼珠　　擬態等級　★☆☆☆☆

特徵／特技

1. 被白邊環繞的黑色斑點就像是巨大的眼珠！
2. 幼魚最愛吃的東西是「珊瑚之王」！
3. 白線擬作水平線、黑點擬作月亮的命名法！
4. 作為觀賞魚也十分受歡迎！

資料

- ●動物名：本氏蝴蝶魚
- ●學名：Chaetodon bennetti
- ●分類：條鰭魚綱鱸形目蝴蝶魚科
- ●全長：130～200 mm
- ●體色：鮮豔的黃色，再加上黑色
  大斑點
- ●分布地：房總半島以南
- ●棲息地：水深較淺的珊瑚礁區

利用體側的大眼斑瞪視四方

位於身體側面、存在月亮，下方的白線則有如水平線般，因而被賦予了感十足的黑色圓形花紋。

活像是顆巨大的眼珠，有種強烈的壓迫感呢。因為看到本氏蝴蝶魚的花紋而大吃一驚的生物應該不在少數。將眼珠紋樣比擬為

「海月蝶蝶魚（ウミヅキチョウチョウウオ）」這個日文名字。

軸孔珊瑚被譽為「珊瑚之王」，而幼魚喜歡食用這類珊瑚的珊瑚蟲，成魚則以底棲生物等為食。因為外觀很美麗，所以作為觀賞魚也十分受歡迎。

雖然我不會刺人，也沒有毒就是了……

大透翅天蛾

擬態對象　蜂　　擬態等級　★★★★☆

資料

● 動物名：大透翅天蛾（咖啡透翅天蛾）
● 學名：Cephonodes hylas
● 分類：昆蟲綱鱗翅目天蛾科
● 全長：50 ～ 70 ㎜（展翅）
● 體色：黃綠色，再加上黃色、黑色、紅色的橫紋
● 分布地：本州以南
● 棲息地：平地的雜木林等

特徵／特技

1 利用透明的翅膀及身體的花紋化身大型蜂類！

2 不只外表，連翅膀的嗡嗡聲也很像蜂！

3 以蛾類來說算罕見的晝行性！

4 不具備一般蛾類翅膀上會有的鱗粉！

外觀、振翅聲、飛法蜂的特色一應俱全

正如其名當中的「大透翅」，這種蛾類的特徵是透明的翅膀以及毛量豐厚的尾部唷。帶有醒目條紋的那副身軀，給人一種是大型蜂類的錯覺。飛行時所發出的嗡嗡振翅聲也與蜂很類似，而且還會採取像木蜂一樣的直線飛行方式，真是多才多藝的動物啊！

大透翅天蛾罕見的地方在於牠們與一般蛾類相異，是晝行性動物而且沒有鱗粉。看樣子，與尋常的蛾有所不同也能在擬態這方面派上用場呢。

特徵／特技

1 躲在刺冠海膽的棘刺之間隱匿身形！

2 明明躲在刺冠海膽的保護傘下，卻把人家身體當糧食！

3 雌魚的吻部較短，雄魚的吻部較長！

4 偏黑的體色浸到酒精裡會變成紅色！

嘿～親愛的刺冠海膽在哪裡呢～？

Before 擬態前

第6章 ● 偽裝成強大的生物

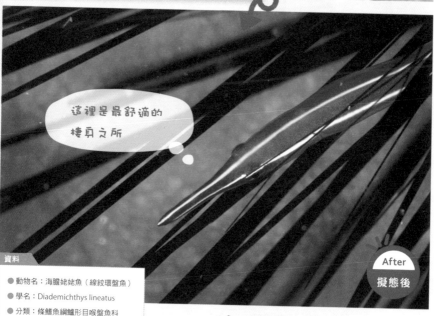

這裡是最舒適的棲身之所

After 擬態後

資料

- 動物名：海膽姥姥魚（線紋環盤魚）
- 學名：Diademichthys lineatus
- 分類：條鰭魚綱鱸形目喉盤魚科
- 全長：40 ～ 60 mm
- 體色：深紅紫色，再加上黃色的縱紋
- 分布地：伊豆半島以南
- 棲息地：珊瑚礁區及岩礁區

海膽姥姥魚

擬態對象　海膽的棘刺　　擬態等級 ★★☆☆☆

既可躲藏亦可食用的一石二鳥之計

海膽姥姥魚生活在溫暖海域的珊瑚礁區，是以刺冠海膽的棘刺之間為家。在這種模式下的動物大多會是「共生」關係，可是這種魚不同，不但把海膽的棘刺之間當作藏身的好地方藉此驅退敵人，還會偷吃刺冠海膽的身體呢！多麼貪心的傢伙啊。

牠們的特徵是雄魚的吻部較長，雌魚的吻部較短。身體表面烏黑且光滑，若浸到酒精裡會立刻變成正紅色唷。

1 並非爬蟲綱蛇類，而是魚的同類！

2 利用黑白色的條紋假扮成毒蛇！

3 要是模仿穿幫，可能會被毒蛇吃掉！

4 日本的話，是棲息在四國以南的溫暖海域！

竹節花蛇鰻

擬態對象 有毒的海蛇　　擬態等級 ★★★★☆

擬態成掠食者的頭腦派「鰻魚」

若說起有「海蛇」之名*的生物，可以將之大致劃分成兩種類別唷。一種是陸生爬蟲類──蛇的近親，身上有鱗片，為數不少的種類還具有與眼鏡蛇旗鼓相當的劇毒。另外一種就是歸類於鰻形目的魚類，鱗片、毒性皆無的類型。至於本頁所介紹的竹節花蛇鰻，是屬於魚（鰻魚）的同類。

話雖如此，牠們長得和帶有劇毒的海蛇十分相像。利用身上的黑白條紋來進行精湛的模仿。令人

訝異的是，竹節花蛇鰻的捕食者竟然就是帶有劇毒的海蛇。若能巧妙地矇騙過去倒也還好，要是穿幫了……。令人膽戰心驚、七上八下呢！

資料

- ● 動物名：竹節花蛇鰻
- ● 學名：Myrichthys colubrinus
- ● 分類：條鰭魚綱鰻形目蛇鰻科
- ● 全長：300 ～ 800 mm
- ● 體色：乳白色與黑褐色的橫紋
- ● 分布地：高知縣以南
- ● 棲息地：珊瑚礁區的沙礫底及沙底等

*在日文中，「海蛇科（ウミヘビ科）」可指稱蛇鰻科（Ophichthidae）抑或海蛇科（Hydrophiidae）。

第6章 ● 偽裝成強大的生物

本尊 海蛇

擬態生物 竹節花蛇鰻

1 個人風格是黑底再加上許多白斑！

2 利用身上的花紋變身成凶猛的肉食魚！

3 最愛陰暗的場所，躲在岩石的陰影下生活！

4 喜歡吃小魚、甲殼類！

珍珠麗七夕魚

擬態對象　白口裸胸鯙的頭　　擬態等級　★★☆☆☆

把頭藏入岩石裡迴避危險

珍珠麗七夕魚的特徵是遍布於黑色身體上的白色點點。感覺快要被敵人襲擊時，就善加利用這身花紋，變身成惡名昭彰的凶猛肉食魚──白口裸胸鯙。方法就是迅速將頭部藏入岩石陰影下，利用身體後半部假扮成白口裸胸鯙的頭來驚嚇對方，好化解危機。白口裸胸鯙是長達1m以上的大型魚類，不過珍珠麗七夕魚卻只有150mm左右。看得出來牠們是費盡心力在模仿呢。

這種魚喜歡陰暗的地方，平常是躲在岩石陰影下生活。主食是小魚及甲殼類。作為觀賞魚也很受歡迎唷。

資料

● 動物名：珍珠麗七夕魚（珍珠麗鮗）
● 學名：Calloplesiops altivelis
● 分類：條鰭魚綱鱸形目七夕魚科
● 全長：50～150 mm
● 體色：黑褐色，再加上數不清的白色斑點
● 分布地：奄美大島以南
● 棲息地：珊瑚礁區及岩礁區

本尊　白口裸胸鯙

擬態生物　珍珠麗七夕魚

1 擬態成有毒的瓦氏尖鼻魨！

2 也會使出膨脹腹部彰顯河魨感的密技！

3 在求偶或爭奪地盤時，雄魚會變色！

4 會含著珊瑚的小突起入睡！

鋸尾副革單棘魨

| 擬態對象 | 瓦氏尖鼻魨 | 擬態等級 | ★★★★★ |

雌魚是擬態生物的第一名

體型、顏色、身體花紋。不管從哪一個角度去看，都只會覺得鋸尾副革單棘魨與瓦氏尖鼻魨是同一個模子刻出來的。雖然還是可以藉由位於背部及腹部的魚鰭大小來區分兩者（鋸尾副革單棘魨的鰭比較大），但光是匆匆一瞥根本難以看出到底誰是誰。

模仿者是鋸尾副革單棘魨。由於身為有毒生物的瓦氏尖鼻魨被大家所恐懼，所以只要偽裝成牠們就能保護自己不被外敵攻擊。而且，鋸尾副革單棘魨還身懷一技——能夠膨脹腹部讓自己看起來更像河魨。尤其雌魚更是像到不行，那擬態的技術已經是神一般的等級了。

資料

- 動物名：鋸尾副革單棘魨
- 學名：Paraluteres prionurus
- 分類：條鰭魚綱魨形目單棘魨科
- 全長：30 ～ 100 mm
- 體色：白色，再加上黑褐色及黃色的花紋
- 分布地：伊豆半島以南
- 棲息地：水深較淺的珊瑚礁區等

本尊　瓦氏尖鼻魨

擬態生物　鋸尾副革單棘魨

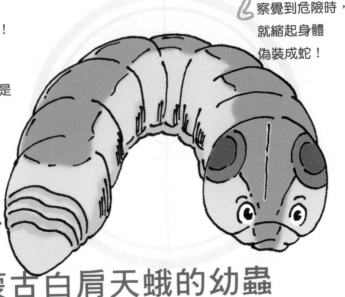

1 在一般模式下會伸展身體放鬆！

2 察覺到危險時，就縮起身體偽裝成蛇！

3 看似眼睛的部分是「眼狀紋」，不具視力！

4 漢字寫作「天鵝絨天蛾」，存在感十足！

蒙古白肩天蛾的幼蟲

擬態對象 蛇　　擬態等級 ★★★★☆

這是蝮蛇還是土龍哇！？

正如其日文名字「天鵝絨天蛾（ビロードスズメ）」，蒙古白肩天蛾在羽化成蟲之後，亮澤美麗的體毛就會包覆全身，而牠們最出名的就是在幼蟲時期能夠擬態成蛇的絕技。平常處於拉伸身體的狀態時，還沒有那麼像蛇。不過，一旦察覺到人身安全有危險，就會縮起頭部四周、仰起身體，變身成蝮蛇般的樣貌。看似眼睛的花紋「眼狀紋」再加上鱗片般的身體紋路讓牠們像極了蛇，叫人不看

錯也難。那又胖又圓的身形，也很像是著名的未知生物——土龍。

蒙古白肩天蛾的日文漢字寫作「天鵝絨天蛾」。感覺就像是動漫角色，好帥呀！

資料

- ●動物名：蒙古白肩天蛾的幼蟲
- ●學名：Rhagastis mongoliana
- ●分類：昆蟲綱鱗翅目天蛾科
- ●全長：60〜75mm（幼蟲）
- ●體色：茶褐色、黃綠色等
- ●分布地：本州、四國、九州、屋久島
- ●棲息地：平地至低山地的樹林及草地等

1 與體態纖細的長腳蜂並無二致！

2 喜歡吸食花蜜這點也很像蜂！

3 常見於沿海地區，在內陸地區找不到牠們！

4 同類當中的中華虎天牛長得很像胡蜂！

玉條虎天牛

擬態對象　長腳蜂　　擬態等級 ★★★☆☆

利用身體的虎斑華麗重現蜂的樣貌

在虎天牛類動物當中，擬態成蜂的種類有很多，而這種玉條虎天牛擅長活用自己纖細的身體偽裝成長腳蜂。藉由彰顯翅膀上的四條帶狀紋路，去欺騙周遭的生物。因為蜂實在是太可怕了，所以完全沒有人敢靠近牠們呢。

玉條虎天牛最喜歡花蜜，且好於在白天活動，造訪許許多多的花朵。這樣的行為模式也和蜂類相似，為牠們增添了不少偽裝效果呢。

基本上生活在沿海地

在虎天牛類動物當中，在內陸地區看不到牠們的蹤影。同類當中有種中華虎天牛的體型更大，而且長得很像胡蜂（虎頭蜂）。

資料

- ●動物名：玉條虎天牛
- ●學名：Chlorophorus quiquefasciatus
- ●分類：昆蟲綱鞘翅目天牛科
- ●全長：13～20 mm
- ●體色：黃色，再加上黑色的橫紋
- ●分布地：本州以南
- ●棲息地：沿岸地區的平地及山地等

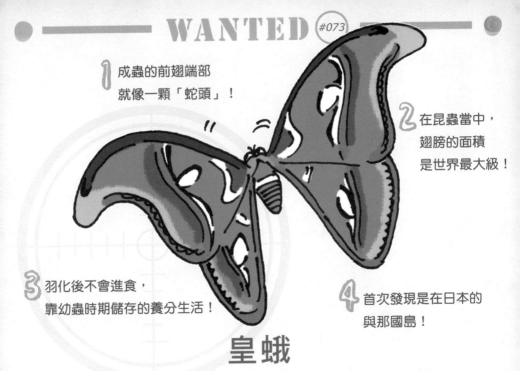

1 成蟲的前翅端部就像一顆「蛇頭」！

2 在昆蟲當中，翅膀的面積是世界最大級！

3 羽化後不會進食，靠幼蟲時期儲存的養分生活！

4 首次發現是在日本的與那國島！

皇蛾

擬態對象　蛇的頭　　擬態等級　★★★☆☆

左右兩翅猶如雙頭蛇

皇蛾是一種蛾類，由翅膀加起來就是兩顆蛇頭。看起來格外強大呢！

由於成蟲的嘴巴因退化而消失，所以無法進食。靠著幼蟲時期儲存的養分維生，只能存活1週左右。

於首次發現的地點是在與那國島，因此日文名字就被取做「与那国蚕（ヨナグニサン）」，如同漢字字面上的意思。近年來因為數量持續減少，所以皇蛾被指定為沖繩縣的天然紀念物，而且還被日本環境省列為近危物種（準絕滅危懼種）唷。

翅膀的面積在昆蟲界是世界最大級。位於前端的花紋就像是一顆蛇頭，據說牠們會露出這個部位來威嚇對方。左右兩邊的

資料
- ●動物名：皇蛾
- ●學名：Attacus atlas ryukyuensis
- ●分類：昆蟲綱鱗翅目天蠶蛾科
- ●全長：200 ～ 260 mm（展翅）
- ●體色：紅褐色
- ●分布地：石垣島、西表島、與那國島
- ●棲息地：森林區

靠近一看，任誰都會嚇一跳唷！

如何？跟蛇沒兩樣吧？
看到我的翅膀，大家都逃光啦

141

究極的擬態──也就是擬死

（**問** 題）在森林裡遇到熊的話要怎麼辦？

（回答）裝死。

這是一段很有名的對話，然而，實際上卻沒什麼效果，似乎還會反過來提高被熊襲擊的可能性。轉身就跑的行為也是一樣，會刺激到對方所以行不通。最妥當的應對方法其實是不要露出背部，慢慢地向後退並離開現場。

話雖如此，在這個地球上，一旦陷入快被敵人襲擊的險境、察覺到自身有危險時，會立刻裝死以求度過當下危機的動物，卻不在少數。為了求生，所有人都豁出了性命。這個裝死的行為就叫做「擬死」。偽裝的對象既不是樹葉、不是枯葉，也不是海藻、珊瑚，更不是比自己還要強大的生物。而是屍體。所以說，用「究極的擬態」來形容擬死應該也不為過吧。

據說大多數會擬死的生物都不是出於自由意識做出裝死的行為，而是受到有外敵接近等因素的刺激，造成全身肌肉反射性地僵直才進入擬死狀態。是「不管要做什麼都行，我得活下去」的本能驅使牠們產生擬死行為。

待在樹上的昆蟲一進入擬死狀態，就會咚地一聲直接墜落到地面，一動也不動。縮起腳並朝天翻肚的狀態會持續一段時間，相當出色。擬死的時間會因生物種類而異，範圍相當廣泛，有數秒至數十秒左右的種類，也有能維持數個小時連一根腳趾都不會抽動的高手。因為有很多掠食者是對動來動去的物體有所反應並藉此發現獵物的，所以牠們對擬死生物束手無策。雖然人類在熊的面前裝死並不管用，但由昆蟲等生物所做出的裝死，可是效果非凡呢。

不管怎麼看都像是死了，擬死中的鋸鍬形蟲。

- ☐ 八疣塵蛛
- ☐ 主刺蓋魚
- ☐ 鳥糞蛛
- ☐ 擬態章魚
- ☐ 花紋細螯蟹

- ☐ 突吻鸚鯛
- ☐ 黑星筒金花蟲
- ☐ 人面蝽象
- ☐ 側帶擬花鱸
- ☐ 斑糞金花蟲

1 在巢的中心處將垃圾排成直的，再融為一體！

2 在背部前方有兩個、後方有六個突起！

3 有人靠近時就會縮起腳頓時靜止！

4 雌蛛遠比雄蛛要大得多！

八疣塵蛛

擬態對象　垃圾　　擬態等級　★★★☆☆

到處都是剩菜殘渣也毫不在意

名字居然叫做塵蛛，看樣子被人類取了一個很失禮的名字呢——應該有很多人都是這麼想的吧？這種蜘蛛專門收集剩菜殘渣這類垃圾，並縱向排成一列在巢的正中央，再藏身於其中生活。所以說，塵蛛反而是一個很適切的名字呢。

黑褐色的身體、顏色複雜的斑紋，再加上背部前方及後方的凹凸起伏，讓牠們更像是一坨垃圾。一旦有誰靠近，八疣塵蛛就會縮起腳來一動也不

動，所以乍看之下根本不會發現牠們躲在那裡。特徵是雌蛛的體型比較大，日本的話，可以在本州、九州見到八疣塵蛛唷。

資料

- 動物名：八疣塵蛛
- 學名：Cyclosa octotuberculata
- 分類：蛛形綱蜘蛛目金蛛科
- 全長：7～15 mm
- 體色：黑褐色，再加上黃色／褐色等複雜的斑紋
- 分布地：本州、九州
- 棲息地：屋簷下及矮樹之間等

1. 幼魚時期的特徵是黑底再加上白色漩渦！

2. 長大成魚後會變成鮮豔的黃色縱紋！

3. 成魚野蠻好戰，爭鬥不斷！

4. 幼魚和成魚愛吃的食物是一樣的！

主刺蓋魚

擬態對象　幼魚和成魚的樣貌差很多　擬態等級　★☆☆☆☆

牠們才是真正的「變裝」動物

雖說主刺蓋魚並不是擬態生物，但就「變裝（變身）」這一點來看的話，謂之最強等級也不為過。

當幼魚長大為成魚後，從頭到腳將會面目一新。原本的黑底再加上白色漩渦花紋，將轉變為藍底配上黃色縱紋。若非具備相關知識的人，任誰也不會想到牠們竟然是同一種生物吧！主刺蓋魚的變裝術就是如此出眾。

雖然在外觀上看起來是完全不同種類的魚，但是居住的地方、喜歡吃的食物都沒有改變。地盤意識強烈這點也一樣。尤其是成魚，天性容易激動，具有會將自己配偶以外的其他成魚趕出地盤的習性喔。與那美麗的外表不相符，野蠻而好戰呢。

資料

- ●動物名：主刺蓋魚（條紋蓋刺魚）
- ●學名：Pomacanthus imperator
- ●分類：條鰭魚綱鱸形目蓋刺魚科
- ●全長：300～400 mm
- ●體色：幼魚是黑底再加上白色漩渦花紋，成魚則是藍底配上黃色縱紋
- ●分布地：相模灣以南
- ●棲息地：珊瑚礁區及岩礁區

1 正如其名，從上面看的時候就像鳥糞！

2 利用腹部的光澤以及白與灰的花斑提升真實感！

3 典型的夜行性動物，白天時靜止不動！

4 雄蛛遠比雌蛛要小得多！

鳥糞蛛

擬態對象 鳥糞　　擬態等級 ★★★★☆

連尿酸也一併重現的詭騙大師

鳥糞蛛是一種能華麗於小型種類的蜘蛛，但是雄蛛又遠比雌蛛要小得多，聽說只有2～3 mm而已。

牠們的名字與本人十分貼切。腹部的光澤與白灰交雜的花斑，讓真實感更上一層樓。鳥糞當中含有尿酸，尿酸不溶於水所以呈現白色，而鳥糞蛛竟然連尿酸的質感都能忠實重現，相當厲害呢。

牠們是典型的夜行性動物，白天時就黏在葉子上一動也不動。等到太陽下山以後才開始活動，像蜘蛛一樣結網唷。

雖然鳥糞蛛原本就屬

資料

- 動物名：鳥糞蛛
- 學名：Cyrtarachne bufo
- 分類：蛛形綱蜘蛛目金蛛科
- 全長：2～10 mm
- 體色：白色與茶色
- 分布地：本州中部以南
- 棲息地：草原、果園、山間地帶的明亮地區

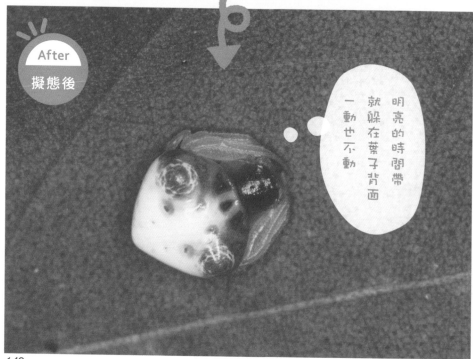

1 模仿的範疇多達四十種以上！

2 英文名字「mimic octopus」的意思就是會擬態的章魚！

3 擬態時會浮現條紋，所以也叫「zebra octopus」！

4 因應對手及目的分別使用不同的招數！

擬態章魚

擬態對象 鮃及海蛇　　擬態等級 ★★★★☆

沒有極限的模仿界終極霸主

以印尼周邊的海域為中心棲息的小型章魚，英文名字也叫做「mimic octopus（＝會擬態的章魚）」。平常是茶褐色，但在擬態的時候身體會浮現出條紋，還會將身體變形成海蛇、鮃（比目魚）、海星等等，偽裝成各種動物。據說那模仿的範疇甚至多達了四十種以上，相當驚人。再也沒有比「模仿界的終極霸主」更適合用來稱呼擬態章魚的頭銜了吧？

舉凡為了保護自己、

為了引誘獵物靠近等等，擬態的目的有很多種，而牠們會因應對手來改變偽裝對象這一點也很厲害。讓人忍不住為牠們擔心：「這樣變來變去難道不會很累嗎？」

資料

● 動物名：擬態章魚
● 學名：Thaumoctopus mimicus
● 分類：頭足綱章魚目章魚科
● 全長：400～600 mm
● 體色：平常是茶褐色
● 分布地：西太平洋、印度洋
● 棲息地：淺海的沙地等

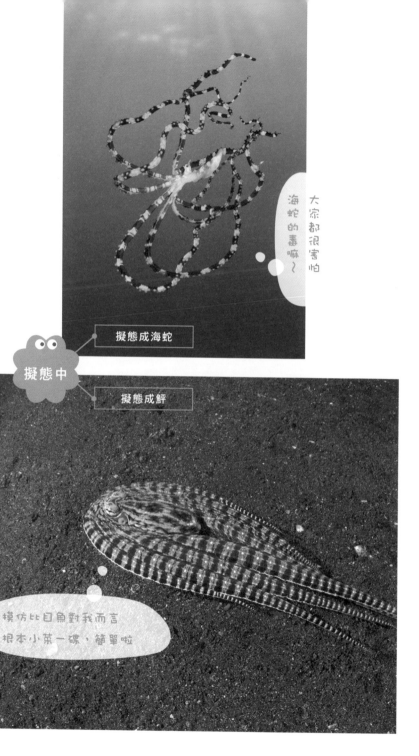

大家都很害怕海蛇的毒嘛～

擬態成海蛇

擬態中

擬態成鰈

模仿比目魚對我而言根本小菜一碟，簡單啦

151

這傢伙有毒喔，
你最好不要隨便靠過來～

花紋細螯蟹

擬態對象 裝備海葵　　擬態等級 ★☆☆☆☆

特徵／特技

1 兩手夾著海葵蓄勢待發！

2 一有敵人靠近時就揮舞「武器」驅趕！

3 同類之間有時也會搶奪彼此的海葵！

4 因其外觀而有別名「pom pom crab」！

資料

● 動物名：花紋細螯蟹（拳擊蟹）

● 學名：Lybia tesselata

● 分類：軟甲綱十足目扇蟹科

● 全長：15 ～ 30 mm

● 體色：淡紅色及乳白色

● 分布地：伊豆半島以南

● 棲息地：珊瑚礁區及岩礁區

以生物作為武器，世間少有的奇蟹

雖然這種螃蟹並沒有把自己偽裝成某種物體，但牠們有一個罕見的習性——會用左右兩支蟹螯常態性地夾著海葵。由於海葵的刺細胞有毒，所以在敵人來襲時能夠充分發揮驅敵的效果。與其說是「擬態」，倒不如說是一種「武裝」呢！

那模樣就像是拿著彩球的啦啦隊隊員，所以也有人稱牠們為「pom pom crab」。同類之間有時也會出現搶奪彩球的行為唷。

特徵／特技

1 改變體色的過程中一路從幼魚→雌成魚→雄成魚！

2 白底加上黑色花紋是雌魚，深綠色則是雄魚！

3 扁平的身體和尖尖的吻部為其獨特的風貌！

4 游得很快，會啄食小型甲殼類及魚！

雌性

我是女孩子呀，
真想再華麗一點吶

第 7 章　其他的擬態

鮮豔的綠色
看起來挺帥氣的吧？

雄性

資料

● 動物名：突吻鸚鯛（雜色尖嘴魚）
● 學名：Gomphosus varius
● 分類：條鰭魚綱鱸形目隆頭魚科
● 全長：180～250 mm
● 體色：深綠色、白色再加上黑褐色的花紋
● 分布地：伊豆半島以南
● 棲息地：珊瑚礁區及岩礁區

突吻鸚鯛

擬態對象　從雌性變成雄性

擬態等級　★☆☆☆☆

長大之後就會改變性別

突吻鸚鯛變化的對象不是別的動物也不是景色，而是另一種性別。牠們令人訝異的地方在於，在成長的過程中會從雌性轉變為雄性。而且體色也會有大幅度的變化。身為雌魚時是白底再加上黑色花紋這種樸素的色彩搭配，變成雄魚之後就成了鮮豔的綠色。形象大改造做得很徹底呢！

雄魚、雌魚的特徵都是扁平的身體和尖尖的吻部，以吃小魚、甲殼類維生。作為觀賞魚也很受歡迎唷。

特徵／特技

1. 特徵是紅底再加上黑色斑紋的圓筒體型！

2. 善加活用了瓢蟲不易被天敵捕食的特性！

3. 飛行速度緩慢，卻活潑好動！

4. 最喜歡栗子跟梨子了，是農家的天敵！

有的時候，會撞見一些氣場不一樣的同伴耶

瓢蟲　本尊

資料

- 動物名：黑星筒金花蟲
- 學名：Cryptocephalus luridipennis
- 分類：昆蟲綱鞘翅目金花蟲科
- 全長：4～6 mm
- 體色：朱紅色，再加上黑色的花紋
- 分布地：本州、四國、九州
- 棲息地：闊葉樹林及果園等

怎麼可能會被察覺，我不相信啦

黑星筒金花蟲

擬態生物　　擬態對象　瓢蟲　　擬態等級 ★★★★

利用體型及花紋把鳥唬得團團轉

一種棲息在本州以南的森林及果園的金花蟲，紅底配上黑色斑紋的造型令人印象深刻。一眼看過去也會覺得那就是瓢蟲本人吧。其實這個擬態是防止鳥類吞食自己所想出的求生智慧。瓢蟲有個特性是被吞食的話會分泌苦汁，也因此讓掠食者不敢輕易對牠們下手，而黑星筒金花蟲正是善加利用了這一點。

由於黑星筒金花蟲會將人類所栽種的農作物啃得一塌糊塗，所以農人們非常討厭牠們唷。

前往戶政事務所的話不知
道能不能領到戶口名簿～

人面蝽象

擬態對象　人類的臉　　擬態等級　★☆☆☆☆

資料

- 動物名：人面蝽象
- 學名：Catacanthus incarnatus
- 分類：昆蟲綱半翅目蝽科
- 全長：30～50㎜
- 體色：紅、黃或土黃色，再加上黑色的花紋
- 分布地：馬來西亞、印尼、泰國等
- 棲息地：熱帶雨林

特徵／特技

1. 頭朝下的時候看起來就像一張明顯的人臉！

2. 有笑臉、相撲力士風等等，圖樣豐富！

3. 和其他蝽象相比味道並不臭！

4. 可惜的是禁止進口到日本！

偽裝成人臉的
熱帶地區稀有種

日文漢字寫作「人面
龜蟲（ジンメンカメム
シ）」，正如其名，牠們
身上的花紋與人臉極為相
像。令人驚奇對吧？有些
紋樣就像是綁了髮髻（丁
髷）的相撲力士，有些則
因為個體差異而看起來像
張笑臉。

和其他蝽象相比，人
面蝽象的味道並不臭。雖
然就住在東南亞的熱帶雨
林，但是在日本明令禁止
進口，所以只有在獲得特
別許可的活動上才有機會
見到牠們唷。真可惜。

特徵／特技

1 只有群體中最大的個體會變成雄性！

2 雌魚的招牌是從眼睛延伸出去的縱紋，雄魚則是四邊形斑紋！

3 是肉食性動物，以動物性浮游生物為主食！

4 日本的話，以沖繩周邊的海域為中心棲息！

雌性

我也不能輸給
其他競爭對手

雄性

周圍都是女孩子
也挺好的～

資料

- 動物名：側帶擬花鱸（紅魚）
- 學名：Pseudanthias pleurotaenia
- 分類：條鰭魚綱鱸形目鮨科
- 全長：90 ～ 150 mm
- 體色：鮮豔的紅紫色（雄性）、黃橙色（雌性）
- 分布地：伊豆半島以南
- 棲息地：珊瑚礁區及岩礁區

側帶擬花鱸

擬態對象　從雌性變成雄性

擬態等級　★☆☆☆☆

一開始生下來是雌性的雌性先熟魚

出生時是雌性，長大之後才會變成雄性。

一種雌性先熟型的魚類，是但並不是所有的側帶擬花鱸都會變成雄魚唷！只有群體中最大的個體才會變成雄魚，擁有專屬於自己的後宮。所以會受到所有雌魚歡迎呢。

身體為黃橙色、從眼睛延伸出紫色縱紋的是雌魚。有著鮮豔的紅紫色身體，再加上四邊形淡紫色斑紋的則是雄魚。牠們是以吃動物性浮游生物維生唷。

特徵／特技

1 待在枹櫟等的葉子上假扮成糞便！

2 成蟲可以把頭跟腳收納進身體裡！

3 幼蟲是在以自己糞便製作而成的容器中生活！

4 雌蟲會將卵產在葉子上並以糞便包覆！

> 請不要靠我太近，不然會穿幫啦～

After
擬態後

Before
擬態前

> 雖然有感覺到一絲來自遠處的視線，但對方應該會以為我是糞便才對……

資料

● 動物名：斑糞金花蟲

● 學名：Chlamisus spilotus

● 分類：昆蟲綱鞘翅目金花蟲科

● 全長：2～4 mm

● 體色：黑褐色、紅褐色

● 分布地：本州、四國、九州

● 棲息地：平地至低山地的樹林及草地等

斑糞金花蟲

擬態對象　毛蟲的糞便　　擬態等級　★★★★☆

卵、幼蟲、成蟲都可以擬態成糞便

不愧是名字裡帶有「糞」字的生物，這種蟲偽裝成糞便的技術可說是相當高明。身為卵時，雌蟲會用糞便將孩子包裹起來；到了幼蟲時期，就躲在用自己的糞便製作而成的容器裡，長大成蟲之後，就把頭跟腳收納進身體裡一動也不動。從出生以前到長大成蟲，一直都是糞便的姿態。根本就是糞便擬態的專家啊。

斑糞金花蟲以枹櫟、麻櫟的葉子為食之餘，在這些植物上化身為糞便。多有效率的行為模式呀！

索引（筆劃順）

插畫家

森松輝夫（もりまつ・てるお）／aflo

1954年生於靜岡縣周智郡森町。曾任職於廣告製作公司擔任設計師，後於1985年投身自由業，現在所屬aflo股份有限公司（株式会社アフロ）。經手月曆、海報、封面等的插圖繪製。經手過《おとなの塗り絵めぐり（大人的著色畫）》、《筆ペンで描く鳥獸戲画（筆繪鳥獸戲畫）》、《美しい花たち（美麗的花）》、《可憐な花たち（惹人憐愛的花）》》（上述書籍皆由宝島社發行）的插畫、著色線稿首發作品等等，廣受好評。其作品被國內外各種媒體廣泛使用。

北村真一（きたむら・しんいち）／aflo

1987年生於東京都。曾於印刷公司任職，現以自由業的插畫家身分從事各種活動。於插圖參考集、插畫、CD封套上等，描繪帶有驚愕表情的人物及動物的插畫。也有跨足其他領域，像是為《reading in little city e.p.》、《a wonder e.p.》（morimoto naoki）的封套、網站「Daily Portal Z（デイリーポータルZ）」的商品、其他類、手機APP、活動／Live等廣告宣傳品繪製插圖。在「Daily Portal Z」也以トルー為筆名的寫手身分進行創作。

TITLE

模王高手 擬態生物圖鑑

STAFF

出版	瑞昇文化事業股份有限公司
作者	模王高手擬態生物圖鑑編輯部
插畫	森松輝夫　北村真一
譯者	蔣詩綺
總編輯	郭湘齡
責任編輯	蔣詩綺
文字編輯	徐承義　李冠緯
美術編輯	謝彥如
排版	曾兆珩
製版	明宏彩色照相製版股份有限公司
印刷	龍岡數位文化股份有限公司
法律顧問	經兆國際法律事務所　黃沛聲律師
戶名	瑞昇文化事業股份有限公司
劃撥帳號	19598343
地址	新北市中和區景平路464巷2弄1-4號
電話	(02)2945-3191
傳真	(02)2945-3190
網址	www.rising-books.com.tw
Mail	deepblue@rising-books.com.tw
初版日期	2019年8月
定價	350元

ORIGINAL JAPANESE EDITION STAFF

編集・執筆	岡田大、小林誠
写真協力	アフロ、amanaimages、PIXTA、Adobe Stock、掛川花鳥園
本文デザイン	佐藤香奈（Lattedesign）
DTP	G-clef

參考資料

【書籍】
『海の擬態生物』（誠文堂新光社）
『擬態生物図鑑』（笠倉出版社）
『擬態のふしぎ図鑑』（PHP研究所）
『自然のだまし絵　昆虫の擬態』（誠文堂新光社）
『図説　生物たちの超技術』（洋泉社）
『ポケット図鑑　日本の昆虫1400①』（文一総合出版）
『森のかくれんぼ〜擬態と保護色〜』（あかね書房）

【官方網站】
サンシャイン水族館特別展『化ケモノ展』
東京ズーネット
沖縄美ら海水族館
Yahoo!きっず図鑑
公益社団法人農林水産・食品産業技術振興協会
ナショナルジオグラフィック日本語版
環境省

國家圖書館出版品預行編目資料

模王高手擬態生物圖鑑 / 模王高手擬態
生物圖鑑編輯部著；蔣詩綺譯. -- 初版.
-- 新北市：瑞昇文化, 2019.07
160面；14.8 x 21公分
譯自：化けるいきもの図鑑
ISBN 978-986-401-360-9(平裝)

1.動物行為 2.動物圖鑑 3.通俗作品

383.7　　　　　　　108010441